普通高等院校机械类及相关学科规划教材

机械工程中检测技术基础与实践教程

主编 慕 丽

北京理工大学出版社
BEIJING INSTITUTE OF TECHNOLOGY PRESS

内 容 简 介

笔者在总结多年教学、实践、科研成果的基础上,依据机电专业逐级递进的实践教学思路,编写了本教程。《机械工程测试技术实验指导书》讲义于 2003 年编写完成,在学校内部使用,并作多次修正。《机械工程测试技术实训指导书》讲义于 2011 年编写完成,在学校内部使用。作者在以上两部讲义基础上,增加了典型量测量、虚拟仪器与数据采集、嵌入式系统、智能机器人系统设计等先进技术的训练。本书是机械电子工程本科生的教材,可用于课程实验、实训、课程设计及毕业设计。全书共 8 章,第 1 章为检测技术基础知识;第 2 章介绍了检测系统的典型测控电路;第 3 章介绍了虚拟仪器技术及 LabVIEW 应用;第 4 章介绍了嵌入式系统,重点介绍了 ARM;第 5 章以 CYS2000 测控实验台为主,用于"机械工程测试基础"课内实验;第 6 章介绍了机械工程中常见的工程项目,如轴对中误差检测、零件表面探伤及轴承故障诊断等内容,用于"机械工程测试基础"课程实训;第 7、8 章分别基于泛华公司的 Nextboard 和 Nextmech 设计综合实践项目,用于课程设计等综合实践,也可作为机械专业本科生毕业设计的入门及参考。

版权专有　侵权必究

图书在版编目（CIP）数据

机械工程中检测技术基础与实践教程/慕丽主编 . —北京：北京理工大学出版社,2018.1（2023.10 重印）

ISBN 978 – 7 – 5682 – 5300 – 0

Ⅰ.①机… Ⅱ.①慕… Ⅲ.①机械工程 – 检测 – 高等学校 – 教材 Ⅳ.①TH16

中国版本图书馆 CIP 数据核字（2018）第 027050 号

出版发行 / 北京理工大学出版社有限责任公司

社　　址 / 北京市海淀区中关村南大街 5 号

邮　　编 / 100081

电　　话 /（010）68914775（总编室）

　　　　　（010）82562903（教材售后服务热线）

　　　　　（010）68948351（其他图书服务热线）

网　　址 / http：//www.bitpress.com.cn

经　　销 / 全国各地新华书店

印　　刷 / 廊坊市印艺阁数字科技有限公司

开　　本 / 787 毫米 × 1092 毫米　1/16

印　　张 / 16　　　　　　　　　　　　　　　　　　　责任编辑 / 杜春英

字　　数 / 383 千字　　　　　　　　　　　　　　　　文案编辑 / 杜春英

版　　次 / 2018 年 1 月第 1 版　2023 年 10 月第 3 次印刷　责任校对 / 周瑞红

定　　价 / 42.00 元　　　　　　　　　　　　　　　　　责任印制 / 李志强

图书出现印装质量问题,请拨打售后服务热线,本社负责调换

前 言

应用型创新人才及多学科交叉融合的工程人才培养,是 21 世纪我国高等教育发展的重要事件,也是高等教育适应社会发展的一个必然、理性的选择。目前,在本科教育阶段,国内高校都更加注重学生应用能力、动手能力和创新能力的培养。

高等工程教育目标是培养中高级工程技术人才,无论是侧重工程科学,还是侧重工程技术,都必须以工程实践为基础。要提高应用型人才培养质量,就要真正深入到教学过程中去,要很好地处理知识传授与能力培养、统一教育与个性发展之间的关系。工程教育必须密切地回归到工程实践的根本上来,树立工程实践教育理念。为此,沈阳理工大学机械类专业采用基于项目的应用型人才培养模式,旨在增强学生工程实践思维的培养、应用及创新能力的提高,提升工科人才的应用能力和创新创业能力。应用型人才培养体系中,设计了逐级递进的实践教学体系,为学生提供了理解理论知识、学习前沿技术的实践平台。建设逐级递进的实践教学体系,需要设立多种类型、多个层次的实践项目。从简单的课内实验到课程综合实训,直至融合多门课程的毕业设计,形成逐级递接式的教学进程。

笔者在总结多年教学、实践、科研成果的基础上,依据机电专业逐级递进的实践教学思路,编写了本教程。《机械工程测试技术实验指导书》讲义于 2003 年编写完成,在学校内部使用,并作多次修正。《机械工程测试技术实训指导书》讲义于 2011 年编写完成,在学校内部使用。作者在以上两部讲义基础上,增加了典型量测量、虚拟仪器与数据采集、嵌入式系统、智能机器人系统设计等先进技术的训练。本书是机械电子工程本科生的教材,可用于课程实验、实训、课程设计及毕业设计。全书共 8 章,第 1 章介绍了检测技术基础知识;第 2 章介绍了检测系统的典型测控电路;第 3 章介绍了虚拟仪器技术及 LabVIEW 应用;第 4 章介绍了嵌入式系统,重点介绍了 ARM;第 5 章以 CYS2000 测控实验台为主,用于"机械工程测试基础"课内实验;第 6 章介绍了机械工程中常见的工程项目,如轴对中误差检测、零件表面探伤及轴承故障诊断等内容,用于"机械工程测试基础"课程实训;第 7 章、第 8 章分别基于泛华公司的 Nextboard 和 Nextmech 设计综合实践项目,用于课程设计等综合实践,也可作为机械专业本科生毕业设计的入门及参考。

全书在对相关理论内容概括和总结的基础上,设计的实验内容从简单的验证性实验开始,逐级递进为综合性实验、实训、课程设计,直至毕业设计。既包括机械工程测试技术课程的实践内容,又将电工电子、控制理论、机电传动、机械设计课程的知识应用到综合项目中,将各门课程的相关知识点衔接紧密,有利于学生对知识的融会贯通,实现了理论与实践、原理与工程、基础性与先进性的有机结合。

本书主编为慕丽,副主编为王欣威、付晓云。其中第 5 章、第 7 章由慕丽编写,第 2 章、第 3 章、第 8 章由王欣威编写,第 1 章、第 4 章、第 6 章由付晓云编写。全书由慕丽、王欣威统稿。

由于编者水平所限,书中难免有疏漏和不足之处,恳请读者批评指正。

目 录

第1章 检测技术基础知识 ………………………………………………… 001
1.1 检测技术概述 …………………………………………………………… 001
1.2 信号分析与数据处理 …………………………………………………… 003
1.3 检测系统的基本特性 …………………………………………………… 012
1.4 测量误差及实验数据处理 ……………………………………………… 019

第2章 检测系统的典型测控电路 ………………………………………… 023
2.1 运算放大器 ……………………………………………………………… 023
2.2 信号放大电路 …………………………………………………………… 027
2.3 有源滤波电路 …………………………………………………………… 031

第3章 虚拟仪器技术及LabVIEW应用 ………………………………… 033
3.1 图形化编程语言LabVIEW ……………………………………………… 033
3.2 LabVIEW前面板与程序框图 …………………………………………… 035
3.3 LabVIEW常见数据类型和运算 ………………………………………… 036
3.4 LabVIEW常用的程序结构及应用 ……………………………………… 039
3.5 软件程序开发子VI ……………………………………………………… 046
3.6 数据采集系统DAQ简介 ………………………………………………… 046

第4章 嵌入式系统与ARM ………………………………………………… 052
4.1 嵌入式系统概述 ………………………………………………………… 052
4.2 嵌入式微处理器 ………………………………………………………… 053
4.3 嵌入式操作系统 ………………………………………………………… 055
4.4 应用软件及LabVIEW for ARM ………………………………………… 058
4.5 嵌入式技术的发展现状及趋势 ………………………………………… 058

第5章 检测技术基础实验 ………………………………………………… 060
5.1 典型测控电路实验 ……………………………………………………… 060
5.2 金属箔式应变片实验 …………………………………………………… 066
5.3 差动变压器性能实验 …………………………………………………… 072

目录

5.4 电涡流传感器实验 079
5.5 PSD 传感器实验 086
5.6 超声波测距实验 088
5.7 光栅传感器实验 090
5.8 状态滤波器动态特性实验 093
5.9 电机动平衡综合测试实验 097

第 6 章 综合实验及实训 105

6.1 机械装备安装中的轴对中检测与调试技术 105
6.2 机械零件超声波无损检测与探伤技术 112
6.3 轴承故障检测实训 117

第 7 章 基于 LabVIEW 的实验设计与开发 122

7.1 实验用硬件简介 122
7.2 基于 Nextboard 的数据采集及基础实验 127
7.3 典型虚拟实验系统设计——油门控制系统的仿真设计 ... 152
7.4 典型虚拟实验系统设计——洗衣机状态仿真系统设计 ... 165

第 8 章 基于 ARM 的机电一体化课程设计 178

8.1 机器人基础知识概述 178
8.2 Nextmech 机电一体化套件简介 182
8.3 机电一体化套件的基础应用开发 192
8.4 典型案例设计——基于 ARM 的自动搬运机械手设计 ... 207
8.5 典型案例设计——四足机器人设计 233

第 1 章　检测技术基础知识

1.1　检测技术概述

检测是指在生产、科研、实验等各个领域为及时获得被测对象的有关信息，实时或非实时地对一些参量进行定性检查和定量测量。检测的过程是借助专门的设备、仪器，通过适当的实验方法与必需的信号分析及数据处理，由测得的信号求取与研究对象有关的信息量值的过程，最后将其结果进行显示和输出。

检测技术几乎涉及任何一项工程领域，无论是生物、海洋、气象、地质、通信还是机械、电子等工程，都离不开测试与信息处理。在日常生活中，随处可见测试技术应用的例子。

1.1.1　检测技术的作用和任务

"检测"通常是指在生产、实验等现场，利用某种合适的检测仪器或综合测试系统对被测对象进行在线、连续的测量。检测技术是进行各种科学实验研究和生产过程参数检测等必不可少的手段，它起着类似人的感觉器官的作用。通过测试可以揭示事物的内在联系和发展规律，从而去利用它和改造它，推动科学技术的发展。科学技术的发展历史表明，科学上很多新的发现和突破都是以检测为基础的。同时，其他领域科学技术的发展和进步又为检测提供了新的方法和装备，促进了检测技术的发展。

在工程技术领域中，工程研究、产品开发、生产监督、质量控制和性能实验等，都离不开检测技术。检测系统基本构成如图 1.1 所示。在工程技术中广泛应用的自动控制技术也和检测技术有着密切的关系，检测装置是自动控制系统中的感觉器官和信息来源，对确保自动化系统的正常运行起着重要作用。

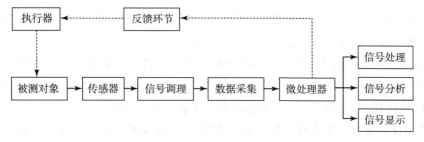

图 1.1　检测系统基本构成

检测技术在机械工业中的应用最为普遍,主要任务有以下三个方面。

1. 产品研制的性能检测——提供一种评价手段

一个成功的产品,经过产品设计、样机制造后,必须通过测试手段进行性能检测,如果性能指标达到了预定要求,进入批量生产;否则,要进一步进行测试、分析,找出问题所在和薄弱环节,进行重新设计或修改设计,重新进行上述过程,直至成功。产品研发流程如图1.2所示。测试技术不仅提供了产品性能评价的手段,而且为优化和改进产品提供了依据。例如,一架新式飞机的样机制造完成后,在地面要进行近百项检测项目,如推力/自重、耗油、温升、噪声及各部件的应力测试等。如果某一项不合格,则需要进一步的测试,分析原因,进行改造。

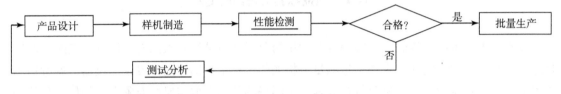

图 1.2　产品研发流程

2. 自动化加工过程的检测技术

自动化加工过程的主要特点是:排除人的干预,整个加工过程由设备自己完成。这就要求设备有大量的检测装置,检测加工过程的全部状态信息,包括设备自身的状态、工件的状态、刀具的状态等。例如,金属切削刀具在加工的过程中会发生刀刃磨损,发生刀刃磨损后,设备应该自动换刀或报警。进行刀具磨损检测的依据是:刀具磨损——切削力大——扭矩变大。实际的设备中,通过监测刀杆的扭矩来判断刀具的磨损。

3. 自动控制系统中的检测技术

在自动控制系统中,总希望用一个电量精确地控制一个机械量(位移、速度等),如果直接用控制电信号 U 驱动执行器,实现被控制量 X,$U-X$ 有非线性、负载特性的问题,导致出现控制误差 ΔX。因此,自动控制装置常采用加入精密测试环节的闭环系统,来提高精确性、稳定性,消除非线性误差。机械加工的设备中,需要大量的自动控制装置。机械工业的现代化产品中也有大量的自动控制装置。因此,检测技术已经成为自动控制中的一个重要组成部分。

1.1.2　检测技术的发展趋势

随着微电子技术、计算机技术及数字信号处理等先进技术在检测技术中的应用,现代检测技术具有高精度、集成化、人工智能等发展趋势。

(1) 不断拓展测量范围,努力提高检测精度和可靠性。随着基础理论和技术科学的研究发展,各种物理效应、化学效应、微电子技术,甚至生物学原理在工程测量中得到广泛应用,使得可测量的范围不断扩大,测量精度和效率得到很大提高。

(2) 检测仪器逐渐向集成化、组合式、数字化方向发展。仪器与计算机技术的深层次结合产生了全新的仪器结构概念。一般来说,将数据采集卡插入计算机空槽中,利用软件在屏幕上生成虚拟面板,在软件引导下进行信号采集、运算分析和处理,实现仪器功能并完成测试的全过程,就是所谓的虚拟仪器,即由数据采集卡、计算机、输出(D/A)及显示器一起组成通用硬件平台。在此平台基础上,调用测试软件完成某种功能的测试任务,成为具有虚拟面板的虚拟仪器。在同一平台上,调用不同的测试软件就可以构成不同功能的虚拟仪器,可方便地将多种测试功能集于一体,实现多功能集成仪器。

(3)检测系统智能化。智能传感器系统采用微机械加工技术和大规模集成电路技术,利用硅作为基本材料制作敏感元件、信号处理电路、微处理器单元,并把它们集成在一块芯片上,故又称为集成智能传感器。智能传感器系统具有自检测、自补偿、自校正、自诊断、远程设定、信息存储和记忆等功能。

1.2 信号分析与数据处理

1.2.1 信号的基本概念及分类

信号是信息的载体,信息是对信号经过分析处理后的有用部分,它表征被测对象运动与状态的某种特征与属性。在数学上,信号表示为一个或多个自变量的函数。一般连续信号表示为时间 t 的函数 $f(t)$,离散信号表示为序号 k 的函数 $f(k)$,函数的图形则称为信号的波形。

为了深入了解信号的物理实质,将其进行分类研究是非常必要的。以不同的角度来看待信号,可以将信号分为:
(1)确定性信号与非确定性信号。
(2)能量信号与功率信号。
(3)时限信号与频限信号。
(4)连续时间信号与离散时间信号。

1.2.2 信号的时域采样和时域采样定理

数字信号处理技术,首先把一个连续变化的模拟信号转化为数字信号,然后由计算机处理,从中提取有关的信息。信号数字化过程包含一系列步骤,每一步都可能引起信号和其蕴含信息的失真。

一、信号的时域采样

采样是把连续时间信号变成离散时间序列的过程,这一过程相当于在连续时间信号上"摘取"许多离散时刻上的信号瞬时值。

现以一个模拟信号 $X(t)$ 的采样为例来说明有关的问题。模拟信号 $x(t)$ 的傅里叶变换为 $X(f)$,如图 1.3 所示。采样就是用一个等时距的周期脉冲序列 $p(t)$(即 $\mathrm{comb}(t, T_s)$),也称采样函数去乘 $x(t)$,使 $x(t)$ 变换成有限长的离散时间序列,各采样点上的瞬时值就变成脉冲序列的强度，这些强度值将被量化而成为相应的数值。

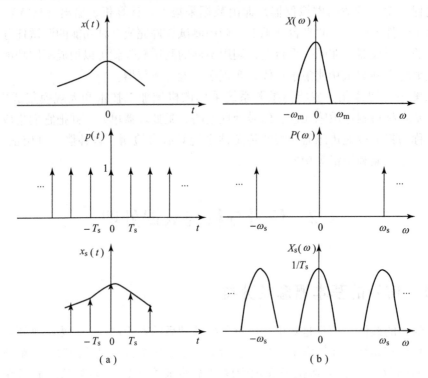

图 1.3　信号的时域采样

采样脉冲序列：

$$p(t) = \sum_{n=-\infty}^{\infty} \delta(t - nT_s) \tag{1.1}$$

采样信号：

$$x_s(t) = x(t)p(t) \tag{1.2}$$

时距 T_s 称为采样间隔，$1/T_s = f_s$ 称为采样频率。周期脉冲序列 $p(t)$ 的傅里叶变换 $P(f)$ 也是周期脉冲序列，如图 1.3（a）所示，其频率间距为 $f_s = 1/T_s$。那么，根据频域卷积定理，有

$$X_s(f) = X(f) * P(f) \tag{1.3}$$

采样后信号的频谱是 $X(f)$ 和 $P(f)$ 的卷积，相当于将 $X(f)$ 乘以 $1/T_s$，然后将其平移，使其中心落在 $P(f)$ 脉冲序列的频率点上，如图 1.3（b）所示。

二、采样定理

长度为 T 的连续时间信号 $x(t)$，从点 $t=0$ 开始采样，采样得到的离散时间序列为 $x(n)$：

$$x(n) = x(nT_s) = x(n/f_s) \quad n = 0,1,2,\cdots,N-1 \tag{1.4}$$

式中，$x(nT_s) = x(t)|_{t=nT_s}$；T_s 为采样间隔；N 为序列长度，$N = T/T_s$；f_s 为采样频率，$f_s = 1/T_s$。

采样间隔的选择是一个重要问题。若采样间隔太小（采样频率高），则对定长的时间记录来说其数字序列就很长，计算工作量迅速增大；如果数字序列长度一定，则只能处理很短的时间历程，可能产生较大的误差。若采样间隔过大（采样频率低），则可能丢掉有用的

信息。

1. 频混现象

频混现象又称为频谱混叠效应,它是由于采样信号频谱发生变化,而出现高、低频成分发生混淆的一种现象,如图 1.4 所示。信号 $x(t)$ 的傅里叶变换为 $X(\omega)$,其频带范围为 $-\omega_m \sim \omega_m$;采样信号 $p(t)$ 的傅里叶变换是一个周期谱图,其周期为 ω_s,并且

$$\omega_s = 2\pi/T_s \tag{1.5}$$

式中,T_s 为时域采样周期。当采样周期 T_s 较小时,$\omega_s > 2\omega_m$,周期谱图相互分离,如图 1.4 (b) 所示;当 T_s 较大时,$\omega_s < 2\omega_m$,周期谱图相互重叠,即谱图之间高频与低频部分发生重叠,如图 1.4 (c) 所示,此即频混现象,这将使信号复原时丢失原始信号中的高频信息。

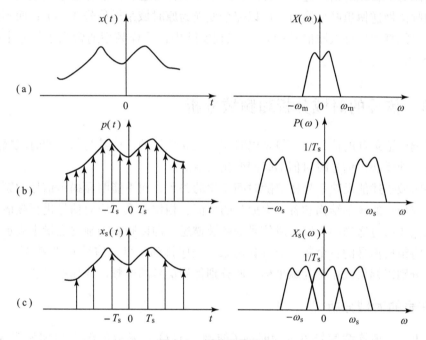

图 1.4 频谱混叠效应

下面从时域信号波形来看这种情况。图 1.5 (a) 所示为频率正确的情况,以及其复原信号;图 1.5 (b) 所示为采样频率过低的情况,复原的是一个虚假的低频信号。

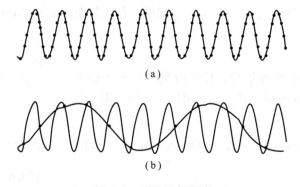

图 1.5 采样频率选择

(a) 采样频率正确;(b) 采样频率过低

当采样信号的频率低于被采样信号的最高频率时,采样所得的信号中混入了虚假的低频分量,这种现象叫做频率混叠。

2. 采样定理

上述情况表明,如果 $\omega_s > 2\omega_m$,就不发生频混现象,因此对采样脉冲序列的间隔 T_s 需加以限制,即采样频率 $\omega_s(2\pi/T_s)$ 或 $f_s(1/T_s)$ 必须大于或等于信号 $x(t)$ 中的最高频率 ω_m 的 2 倍,即 $\omega_s > 2\omega_m$,或 $f_s > 2f_m$。

为了保证采样后的信号能真实地保留原始模拟信号的信息,采样信号的频率必须至少为原信号中最高频率成分的 2 倍。这是采样的基本法则,称为采样定理。

需要注意的是,在对信号进行采样时,满足了采样定理,只能保证不发生频率混叠,保证对信号的频谱做逆傅里叶变换时,可以完全变换为原时域采样信号 $X_x(t)$;而不能保证此时的采样信号能真实地反映原信号 $x(t)$。工程实际中,采样频率通常大于信号中最高频率成分的 3~5 倍。

1.2.3 信号的时域分析和频域分析

直接观测或记录到的信号,一般是以时间为独立变量的,称其为信号的时域描述。信号时域描述直观地反映出信号瞬时值随时间变化的情况。

信号的时域描述能反映信号幅值随时间变化的关系,而不能明显揭示信号的频率组成关系。为了研究信号的频率结构和各频率成分的幅值、相位关系,应对信号进行频谱分析,把信号的时域描述通过适当的方法变成信号的频域描述,即以频率为独立变量来表示信号。信号分析中,将组成信号的各个频率成分找出来,按序排列,得出信号的"频谱"。若以频率为横坐标,分别以幅值或相位为纵坐标,便分别得到信号的幅频谱或相频谱。

一、信号的时域分析

在数学上,一般连续信号表示为时间 t 的函数 $x(t)$,函数的图形则称为信号的波形。经过信号处理可求得信号的时域特征值——均方值、均值、方差、概率密度函数,以获得有用信息。

认识复杂信号的最好办法是将其表示为简单信号的组合,下面介绍三种常用的连续时间信号:脉冲信号、阶跃信号、正弦信号。一般的,任何复杂的信号都是由这几种信号叠加而成的。

1. 脉冲信号 $\delta(t)$

$\delta(t)$ 为零时刻单位脉冲信号,任意时刻单位脉冲信号为 $\delta(t-t_0)$。如图 1.6 所示,任意信号可以分解为无限个脉冲的组合。

$$x(t) = \sum x(n \cdot \Delta t) \cdot \Delta t \cdot \delta(t - n \cdot \Delta t) \quad (1.6)$$

2. 阶跃信号

零时刻产生的幅度为 1 的阶跃信号表示为 $u(t)$,如图 1.7 所示;任何台阶信号可以表示为单位阶跃信号的组合,如图 1.8 所示。

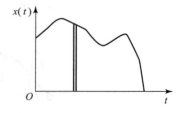

图 1.6 任意信号的分解

$$x(t) = A_1 u(t) - (A_1 - A_2) u(t - t_1) - A_2 u(t - t_2) \quad (1.7)$$

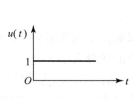

图 1.7　阶跃信号

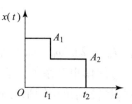

图 1.8　台阶信号

3. 正弦信号

正弦信号，如图 1.9 所示。任何周期信号都可以表示为有限个或无限个不同幅值、相位和频率的正弦信号的组合。

$$x(t) = \sum_i x_i(t) = \sum_i A_i \cos(\omega_i t + \varphi_i) \quad (1.8)$$

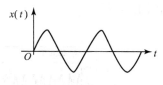

图 1.9　正弦信号

二、信号的频域分析

1. 周期信号的频谱

周期信号是经过一定时间后可以重复出现的信号，满足式（1.9）条件。

$$x(t) = x(t + nT_0) \quad (1.9)$$

从数学分析可知，任何周期函数在满足狄利克利（Dirichlet）条件下，可以展开成正交函数线性组合的无穷级数，如正交函数集是三角函数集 $(\sin(n\omega_0 t), \cos(n\omega_0 t))$，则可展开成傅里叶级数，有实数形式表达式：

$$\begin{aligned} x(t) &= a_0 + a_1 \cos(\omega_0 t) + b_1 \sin(\omega_0 t) + a_2 \cos(\omega_0 t) + b_1 \sin(\omega_0 t) + \cdots \\ &= a_0 + \sum_{n=1}^{\infty} [a_n \cos(n\omega_0 t) + b_n \sin(n\omega_0 t)] \end{aligned} \quad (1.10)$$

直流分量幅值为

$$a_0 = \frac{1}{T} \int_{-T/2}^{T/2} x(t) \, dt \quad (1.11)$$

各余弦分量幅值为

$$a_n = \frac{2}{T} \int_{-T/2}^{T/2} x(t) \cos(n\omega_0 t) \, dt = \frac{2}{T} \int_{-T/2}^{T/2} x(t) \cos(2\pi n f_0 t) \, dt \quad (1.12)$$

各正弦分量幅值为

$$b_n = \frac{2}{T} \int_{-T/2}^{T/2} x(t) \sin(n\omega_0 t) \, dt = \frac{2}{T} \int_{-T/2}^{T/2} x(t) \sin(2\pi n f_0 t) \, dt \quad (1.13)$$

利用三角函数的和差化积公式，周期信号的三角函数展开式还可以写为式（1.14）的形式：

$$x(t) = A_0 + \sum_{n=1}^{\infty} A_n \cos(n\omega_0 t - \varphi_n) \quad (1.14)$$

直流分量幅值为

$$A_0 = a_0 \quad (1.15)$$

各频率分量幅值为

$$A_n = \sqrt{a_n^2 + b_n^2} \quad (1.16)$$

各频率分量的相位为

$$\varphi_n = \tan^{-1}\frac{b_n}{a_n} \quad (1.17)$$

式中，T_0 为周期，$T_0 = 2\pi/\omega_0$；ω_0 为基波圆频率，$\omega_0 = 2\pi f_0$，f_0 为基波频率；$n = 0, \pm 1, \cdots$；a_n, b_n, A_n, φ_n 为信号的傅里叶系数，表示信号在频率 f_n 处的成分大小。

工程上习惯将计算结果用图形方式表示，以 f_n 为横坐标，a_n、b_n 为纵坐标画图，绘出的曲线图称为实频-虚频谱图；以 f_n 为横坐标，A_n、φ_n 为纵坐标画图，绘出的曲线图称为幅值-相位谱；以 f_n 为横坐标，A_n^2 为纵坐标画图，绘出的曲线图称为功率谱。周期信号的频谱如图 1.10 所示。

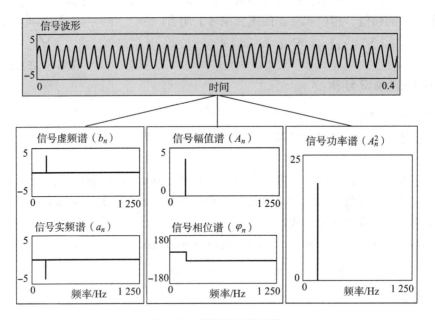

图 1.10　周期信号的频谱

对周期信号来说，信号的谱线只会出现在 $0, f_1, f_2, \cdots, f_n$ 等离散频率点上，这种频谱称为离散谱。

2. 非周期信号的频谱

非周期信号是在时间上不会重复出现的信号，一般为时域有限信号，具有收敛可积条件，其能量为有限值。这种信号的频域分析是利用傅里叶变换进行的，其表达式为

$$\begin{aligned} x(t) &= \frac{1}{2\pi}\int_{-\infty}^{\infty}X(\omega)\mathrm{e}^{\mathrm{j}\omega t}\mathrm{d}\omega & x(t) &= \int_{-\infty}^{\infty}X(f)\mathrm{e}^{\mathrm{j}2\pi ft}\mathrm{d}f \\ X(\omega) &= \int_{-\infty}^{\infty}x(t)\mathrm{e}^{-\mathrm{j}\omega t}\mathrm{d}t & X(f) &= \int_{-\infty}^{\infty}x(t)\mathrm{e}^{-\mathrm{j}2\pi ft}\mathrm{d}t \end{aligned} \quad (1.18)$$

与周期信号相似，非周期信号也可以分解为许多不同频率分量的谐波之和。所不同的是，由于非周期信号的周期 $T \to \infty$，基频 $\omega_0 \to \mathrm{d}\omega$，它包含了从零到无穷大的所有频率分量；各频率分量的幅值为 $X(\omega)\mathrm{d}\omega/(2\pi)$，这是无穷小量，所以频谱不能再用幅值表示，而必须用幅值密度函数描述。

非周期信号 $x(t)$ 的傅里叶变换 $X(f)$ 是复数,所以有

$$X(f) = |X(f)| e^{j\varphi(f)}$$
$$|X(f)| = \sqrt{\text{Re}^2[X(f)] + \text{Im}^2[X(f)]} \quad (1.19)$$
$$\varphi(f) = \arctan \frac{\text{Im}[X(f)]}{\text{Re}[X(f)]}$$

式中,$|X(f)|$ 为信号在频率 f 处的幅值谱密度;$\varphi(f)$ 为信号在频率 f 处的相位差。

工程上习惯将计算结果用图形方式表示,以 f 为横坐标,$\text{Re}[X(f)]$、$\text{Im}[X(f)]$ 为纵坐标画图,绘出的曲线图称为时频 - 虚频密度谱;以 f 为横坐标,$|X(f)|$、$\varphi(f)$ 为纵坐标画图,绘出的曲线图称为幅值 - 相位密度谱;以 f 为横坐标,$|X(f)|^2$ 为纵坐标画图,绘出的曲线图称为功率密度谱。非周期信号的频谱如图 1.11 所示。

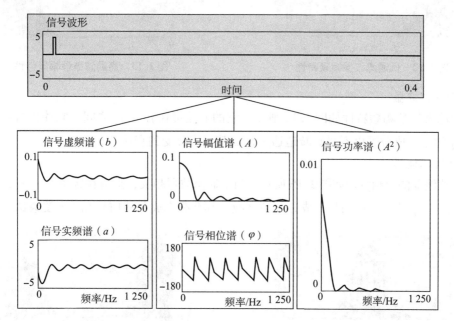

图 1.11 非周期信号的频谱

与周期信号不同的是,非周期信号的谱线出现在 0 到 $f_{\max}$ 区间各连续频率值上,这种频谱称为连续谱。

1.2.4 信号的滤波技术

滤波器是一种选频装置,可以使信号中特定的频率成分通过,而极大地衰减其他频率成分。在测试装置中,利用滤波器的选频作用,可以滤除干扰噪声或进行频谱分析。

一、滤波器分类

根据滤波器的选频作用,滤波器可分为低通滤波器、高通滤波器、带通滤波器和带阻滤波器。

1. 低通滤波器

低通滤波器的幅频特性如图 1.12 所示。$0 \sim f_2$ 频率之间，幅频特性平直，它可以使信号中低于 f_2 的频率成分几乎不受衰减地通过，而高于 f_2 的频率成分受到极大的衰减。

2. 高通滤波器

高通滤波器的幅频特性如图 1.13 所示。与低通滤波器相反，从频率 $f_1 \sim \infty$，其幅频特性平直。它使信号中高于 f_1 的频率成分几乎不受衰减地通过，而低于 f_1 的频率成分将受到极大的衰减。

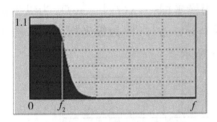

图 1.12 低通滤波器幅频特性

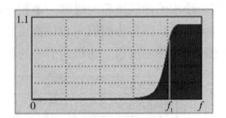

图 1.13 高通滤波器幅频特性

3. 带通滤波器

带通滤波器的幅频特性如图 1.14 所示。它的通频带在 $f_1 \sim f_2$ 之间。它使信号中高于 f_1 而低于 f_2 的频率成分可以不受衰减地通过，而其他成分受到衰减。

4. 带阻滤波器

带阻滤波器的幅频特性如图 1.15 所示。与带通滤波器相反，阻带在频率 $f_1 \sim f_2$ 之间。它使信号中高于 f_1 且低于 f_2 的频率成分受到衰减，其余频率成分的信号几乎不受衰减地通过。

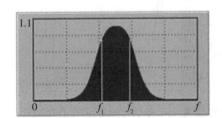

图 1.14 带通滤波器幅频特性

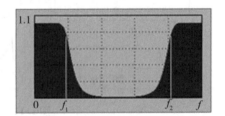

图 1.15 带阻滤波器幅频特性

低通滤波器和高通滤波器是滤波器的两种最基本形式，其他的滤波器都可以分解为这两种类型的滤波器。例如，低通滤波器与高通滤波器的串联为带通滤波器，如图 1.16 所示；低通滤波器与高通滤波器的并联为带阻滤波器，如图 1.17 所示。

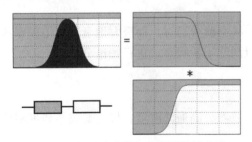

图 1.16 低通滤波器与高通滤波器串联

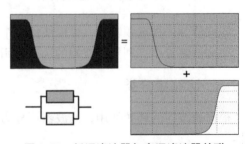

图 1.17 低通滤波器与高通滤波器并联

二、理想滤波器

理想滤波器是指能使通带内信号的幅值和相位都不失真，阻带内的频率成分都衰减为零的滤波器，其通带和阻带之间有明显的分界线。也就是说，理想滤波器在通带内的幅频特性应为常数，相频特性的斜率为常值；在通带外的幅频特性应为零。

理想低通滤波器的幅频及相频特性曲线如图 1.18 所示。理想低通滤波器的频率响应函数为

$$|H(f)| = \begin{cases} A_0, & -f_c < f < f_c \\ 0, & \text{其他} \end{cases} \tag{1.20}$$

$$\varphi(f) = -2\pi f t_0$$

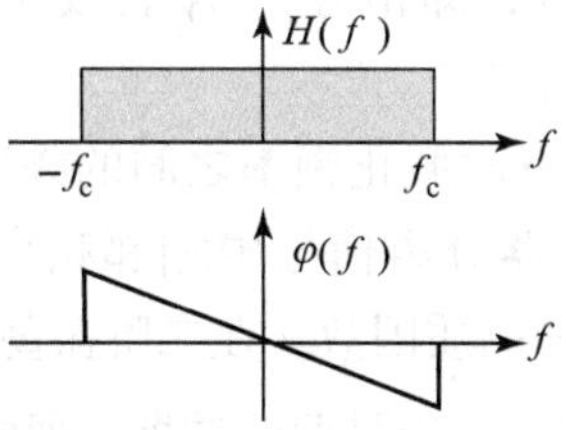

图 1.18 理想低通滤波器幅、相频特性曲线

分析式（1.20）所表示的频率特性可知，该滤波器在时域内的脉冲响应函数 $h(t)$ 为 sinc 函数，图形如图 1.19 所示。脉冲响应的波形沿横坐标左、右无限延伸，从图中可以看出，在 $t = 0$ 时刻单位脉冲输入滤波器之前，即在 $t < 0$ 时，滤波器就已经有响应了。显然，这是一种非因果关系，在物理上是不能实现的。

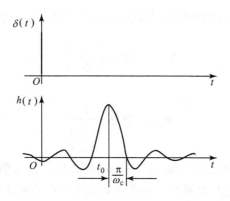

图 1.19 理想低通滤波器的脉冲响应

三、实际滤波器

理想滤波器是不存在的，在实际滤波器的幅频特性图中，通带和阻带之间应没有严格的界限。在通带和阻带之间存在一个过渡带，在过渡带内的频率成分不会被完全抑制，只会受到不同程度的衰减。当然，希望过渡带越窄越好，也就是希望对通带外的频率成分衰减得越快、越多越好。因此，在设计实际滤波器时，总是通过各种方法使其尽量逼近理想滤波器。

与理想滤波器相比，实际滤波器需要用更多的概念和参数去描述它，主要参数有纹波幅度、截止频率、带宽、品质因数、倍频程选择性等。图 1.20 所示为一个典型的实际带通滤波器的幅频特性。

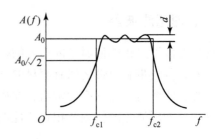

图 1.20　实际带通滤波器的特性参数

实际滤波器的基本参数：

（1）纹波幅度 d：在一定频率范围内，实际滤波器的幅频特性可能呈波纹变化，其波动幅度 d 与幅频特性的平均值 A_0 相比，越小越好，一般应远小于 -3 dB。

（2）截止频率 f_c：幅频特性值等于 $0.707A_0$ 所对应的频率称为滤波器的截止频率。以 A_0 为参考值，$0.707A_0$ 对应于 -3 dB 点，即相对于 A_0 衰减 3 dB。若以信号的幅值平方表示信号功率，则所对应的点正好是半功率点。

（3）带宽 B 和品质因数 Q：上下两截止频率之间的频率范围称为滤波器带宽，或 -3 dB 带宽，单位为 Hz。带宽决定着滤波器分离信号中相邻频率成分的能力——频率分辨力。在电工学中，通常用 Q 代表谐振回路的品质因数。在二阶振荡环节中，Q 值相当于谐振点的幅值增益系数，$Q = 1/(2\xi)$（ξ 为阻尼率）。对于带通滤波器，通常把中心频率 f_0（$f_0 = \sqrt{f_{c1} \cdot f_{c2}}$）和带宽 B 之比称为滤波器的品质因数 Q。例如一个中心频率为 500 Hz 的滤波器，若其 -3 dB 带宽为 10 Hz，则称其 Q 值为 50。Q 值越大，表明滤波器频率分辨力越高。

（4）倍频程选择性 W：在两截止频率外侧，实际滤波器有一个过渡带，这个过渡带的幅频曲线倾斜程度表明了幅频特性衰减的快慢，它决定着滤波器对带宽外频率成分衰阻的能力，通常用倍频程选择性来表征。所谓倍频程选择性，是指在上截止频率 f_{c2} 与 $2f_{c2}$ 之间，或者在下截止频率 f_{c1} 与 $\dfrac{f_{c1}}{2}$ 之间幅频特性的衰减值，即频率变化一个倍频程时的衰减量：

$$W = -20\lg \frac{A(f_{c2})}{A(2f_{c2})} \tag{1.21}$$

或

$$W = -20\lg \frac{A(f_{c1})}{A\left(\dfrac{f_{c1}}{2}\right)} \tag{1.22}$$

倍频程衰减量以 dB/oct 表示（oct 是 octave 的简写，表示倍频程）。显然，衰减越快（即 W 值越大），滤波器的选择性越好。对于远离截止频率的衰减率，也可用 10 倍频程衰减数表示之，即 dB/10oct。

1.3　检测系统的基本特性

为了获得准确的测量结果，需要对测量系统提出多方面的性能要求。主要包括四个方面的性能：静态特性、动态特性、负载效应和抗干扰特性。对于那些用于静态测量的测试系统，一般只需衡量其静态特性、负载效应和抗干扰特性指标。在动态测量中，则需要利用这四方面的特性指标来衡量测量仪器的质量,因为它们都会对测量结果产生影响。

1.3.1 检测系统的静态特性

如果测量时,测试装置的输入、输出信号不随时间而变化,则称为静态测量。静态测量时,测试装置表现出的响应特性称为静态响应特性,简称静态特性。表示静态响应特性的参数,主要有灵敏度、非线性度和回程误差。为了评定测试装置的静态响应特性,通常采用静态测量的方法求取输入-输出关系曲线,作为该装置的标定曲线。理想线性装置的标定曲线应该是直线,但由于各种原因,实际测试装置的标定曲线并非如此。因此,一般还要按最小二乘法原理求出标定曲线的拟合直线。

一、灵敏度

当测试装置的输入 x 有一增量 Δx,引起输出 y 发生相应的变化 Δy 时,则定义

$$S = \Delta y/\Delta x \tag{1.23}$$

为该测试系统的灵敏度,如图 1.21 所示。

线性装置的灵敏度 S 为常数,是输入-输出关系直线的斜率,斜率越大,其灵敏度就越高。非线性装置的灵敏度 S 是一个变量,即 $x-y$ 关系曲线的斜率,输入量不同,灵敏度就不同,通常用拟合直线的斜率表示装置的平均灵敏度。灵敏度的单位由输入和输出的单位决定。应该注意的是,装置的灵敏度越高,就越容易受外界干扰的影响,即装置的稳定性越差。

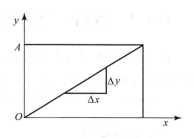

图 1.21 测试系统的灵敏度

二、非线性度

标定曲线与拟合直线的偏离程度就是非线性度。若在标称(全量程)输出范围 A 内,标定曲线偏离拟合直线的最大偏差为 B,则定义非线性度为

$$非线性度 = (B/A) \times 100\% \tag{1.24}$$

测试装置的非线性度如图 1.22 所示。拟合直线该如何确定,目前国内外尚无统一的标准。较常用的是最小二乘法。

三、回程误差

实际测试装置在输入量由小增大和由大减小的测试过程中,对应于同一个输入量往往有不同的输出量。在同样的测试条件下,若在全量程输出范围内,对于同一个输入量所得到的两个数值不同的输出量之间差值最大者为 $h_{\max}$,则定义回程误差为

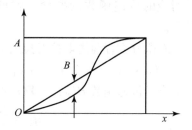

图 1.22 测试系统的非线性度

$$回程误差 = (h_{\max}/A) \times 100\% \tag{1.25}$$

回程误差如图 1.23 所示,回程误差是由迟滞现象产生的,即由于装置内部的弹性元件、

磁性元件的滞后特性以及机械部分的摩擦、间隙、灰尘积塞等原因造成的。

四、静态响应特性的其他描述

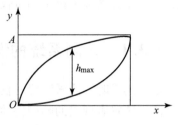

图 1.23 回程误差

描述测试装置的静态响应特性还有其他一些术语，现分述如下：

（1）精度：与评价测试装置产生的测量误差大小有关的指标。

（2）灵敏阈：又称为死区，用来衡量测量起始点不灵敏的程度。

（3）分辨力：指能引起输出量发生变化时输入量的最小变化量，表明测试装置分辨输入量微小变化的能力。

（4）测量范围：指测试装置能正常测量最小输入量和最大输入量之间的范围。

（5）稳定性：指在一定工作条件下，当输入量不变时，输出量随时间变化的程度。

（6）可靠性：与测试装置无故障工作时间长短有关的一种描述。

1.3.2 检测系统的动态特性及数学描述

在对动态物理量（如机械振动的波形）进行测试时，测试装置的输出变化是否能真实地反映输入变化，取决于测试装置的动态响应特性（简称动态特性）。系统的动态响应特性一般通过描述传递函数、频率响应函数和脉冲响应函数等数学模型来进行研究。

一、传递函数

对线性测量系统，输入 $x(t)$ 和输出 $y(t)$ 之间的关系可以用常系数线性微分方程来描述：

$$a_n \frac{d^n y}{dt^n} + a_{n-1} \frac{d^{n-1} y}{dt^{n-1}} + \cdots + a_1 \frac{dy}{dt} + a_0 y = b_m \frac{d^m x}{dt^m} + b_{m-1} \frac{d^{m-1} x}{dt^{m-1}} + \cdots + b_1 \frac{dx}{dt} + b_0 x$$

但直接考察微分方程的特性比较困难。如果对微分方程两边取拉普拉斯变换，建立与其对应的传递函数的概念，就可以更简便、有效地描述测试系统特性与输入、输出的关系。

对微分方程两边取拉普拉斯变换，得

$$(a_n s^n + a_{n-1} s^{n-1} + \cdots + a_1 s + a_0) Y(s) = (b_m s^m + b_{m-1} s^{m-1} + \cdots + b_1 s + b_0) X(s)$$

定义传递函数 $H(s) = Y(s)/X(s)$，则有

$$H(s) = \frac{b_m s^m + b_{m-1} s^{m-1} + \cdots + b_1 s + b_0}{a_n s^n + a_{n-1} s^{n-1} + \cdots + a_1 s + a_0} \tag{1.26}$$

传递函数与微分方程两者完全等价，可以相互转化。考察传递函数所具有的基本特性，比考察微分方程的基本特性要容易得多。这是因为传递函数是一个代数有理分式函数，其特性容易识别与研究。

传递函数有以下几个特点：

（1）传递函数 $H(s)$ 与输入 $x(t)$ 的具体表达式无关。

(2) 不同的物理系统可以有相同的传递函数。

二、频率响应特性

考虑到拉普拉斯变换中，$s = \sigma + j\omega$，令 $\sigma = 0$，则有 $s = j\omega$，将其代入 $H(s)$，得到

$$H(j\omega) = \frac{Y(j\omega)}{X(j\omega)} \tag{1.27}$$

如将 $H(j\omega)$ 的实部和虚部分开，有

$$H(j\omega) = P(\omega) + jQ(\omega) \tag{1.28}$$

其中，$P(\omega)$ 和 $Q(\omega)$ 都是 ω 的实函数。以频率 ω 为横坐标，以 $P(\omega)$ 和 $Q(\omega)$ 为纵坐标所绘的图形分别称为系统的实频特性图与虚频特性图。又若将 $H(j\omega)$ 写成

$$H(j\omega) = A(\omega)e^{j\varphi(\omega)} \tag{1.29}$$

其中 $A(\omega) = |H(\omega)| = \sqrt{P^2(\omega) + Q^2(\omega)}$。

$$\varphi(\omega) = \tan^{-1}\frac{Q(\omega)}{P(\omega)} \tag{1.30}$$

用频率响应函数来描述系统的最大优点是，它可以通过实验来求得。也可在初始条件全为零的情况下，同时测得输入 $x(t)$ 和输出 $y(t)$，由其傅里叶变换 $X(\omega)$ 和 $Y(\omega)$ 求得频率响应函数 $H(\omega) = Y(\omega)/X(\omega)$。

需要特别指出的是，频率响应函数是描述系统的简谐输入和相应的稳态输出的关系。因此，在测量系统频率响应函数时，应当在系统响应达到稳态阶段时才进行测量。

尽管频率响应函数是对简谐激励而言的，但如前所述，任何信号都可分解成简谐信号的叠加。因而在任何复杂信号输入下，系统频率特性也是适用的。这时，幅频、相频特性分别表征系统对输入信号中各个频率分量幅值的缩放能力和相位角前后移动的能力。

三、脉冲响应函数

若装置的输入为单位脉冲 $\delta(t)$，因单位脉冲 $\delta(t)$ 的拉普拉斯变换为 1，因此装置的输出 $y(t)$ 的拉普拉斯变换必将是 $H(s)$，即 $Y(s) = H(s)$，或 $y(t) = L^{-1}[H(s)]$，并可以记为 $h(t)$，常称它为装置的脉冲响应函数或权函数，如图 1.24 所示。脉冲响应函数可视为系统特性的时域描述。

图 1.24　二阶系统的脉冲输入和响应

1.3.3 典型系统的动态特性

一、一阶系统动态特性

求一阶系统的传递函数和频率响应函数。一阶系统的微分方程为

$$\tau \frac{dy(t)}{dt} + y(t) = x(t) \tag{1.31}$$

对上式两边取拉普拉斯变换得

$$\tau s Y(s) + Y(s) = X(s)$$

$$H(s) = \frac{Y(s)}{X(s)} = \frac{1}{\tau s + 1} \tag{1.32}$$

令 $s = j\omega$，代入上式，得频率响应函数：

$$H(j\omega) = \frac{1}{j\omega\tau + 1} = \frac{1}{1 + (\omega\tau)^2} - j\frac{\omega\tau}{1 + (\omega\tau)^2} \tag{1.33}$$

幅频特性为

$$A(\omega) = |H(s)| = \sqrt{\left[\frac{1}{1+(\omega\tau)^2}\right]^2 + \left[\frac{\omega\tau}{1+(\omega\tau)^2}\right]^2} = \frac{1}{\sqrt{1+(\omega\tau)^2}} \tag{1.34}$$

相频特性为

$$\varphi(\omega) = \tan^{-1} \frac{-\dfrac{-\omega\tau}{1+(\omega\tau)^2}}{\dfrac{1}{1+(\omega\tau)^2}} = -\tan^{-1}(\omega\tau) \tag{1.35}$$

一阶系统的幅相频特性如图 1.25 所示。

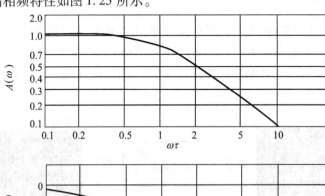

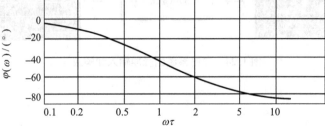

图 1.25 一阶系统的幅相频特性

二、二阶系统动态特性

二阶系统的微分方程为

$$a_2 y''(t) + a_1 y'(t) + a_0 y(t) = b_0 x(t) \tag{1.36}$$

拉普拉斯变换后有

$$(a_2 s^2 + a_1 s + a_0) Y(s) = b_0 X(s)$$

$$H(s) = \frac{b_0}{a_2 s^2 + a_1 s + a_0} = \frac{b_0}{a_0} \cdot \frac{a_0/a_2}{s^2 + \frac{a_1}{a_2}s + \frac{a_0}{a_2}} \tag{1.37}$$

式中,a_2、a_1、a_0、b_0 是由具体的物理参数决定的模型参数,为分析 $H(s)$ 特性点。

令 $k = \frac{b_0}{a_0}$,$\frac{a_0}{a_2} = \omega_n^2$、$\frac{a_1}{a_2} = 2\xi\omega_n$,$k$、$\omega_n$、$\xi$ 为二阶系统的特性参数,则

$$H(s) = k \cdot \frac{\omega_n^2}{s^2 + 2\xi\omega_n s + \omega_n^2} \tag{1.38}$$

令 $k = 1$,归一化二阶系统,则得到二阶系统的频响函数、幅频特性、相频特性:

$$H(\omega) = \frac{\omega_n^2}{-\omega^2 + 2\xi\omega_n\omega + \omega_n^2} \tag{1.39}$$

$$A(\omega) = \frac{\omega_n^2}{\sqrt{\left[1 - \left(\frac{\omega}{\omega_n}\right)^2\right]^2 + 4\xi^2\left(\frac{\omega}{\omega_n}\right)^2}} \tag{1.40}$$

$$\varphi(\omega) = -\tan^{-1} \frac{2\xi\left(\frac{\omega}{\omega_n}\right)}{1 - \left(\frac{\omega}{\omega_n}\right)^2} \tag{1.41}$$

二阶系统的幅相频特性如图 1.26 所示。

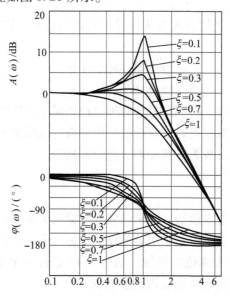

图 1.26 二阶系统的幅相频特性

1.3.4 线性系统的性质与理想测试系统

一、线性系统的性质

若系统的输入 $x(t)$ 和输出 $y(t)$ 之间的关系可以用常系数线性微分方程来描述：

$$a_n \frac{d^n y}{dt^n} + a_{n-1} \frac{d^{n-1} y}{dt^{n-1}} + \cdots + a_1 \frac{dy}{dt} + a_0 y = b_m \frac{d^m x}{dt^m} + b_{m-1} \frac{d^{m-1} x}{dt^{m-1}} + \cdots + b_1 \frac{dx}{dt} + b_0 x$$

式中，$a_0, a_1, \cdots, a_n$ 和 $b_0, b_1, \cdots, b_m$ 均为常数，则称该系统为线性定常系统。一般在工程中使用的测试装置、设备都是线性定常系统。

线性定常系统有下面一些重要性质：

（1）叠加性。系统对各输入之和的输出等于各单个输入所得的输出之和，即若

$$x_1(t) \to y_1(t), x_2(t) \to y_2(t)$$

则

$$x_1(t) \pm x_2(t) \to y_1(t) \pm y_2(t)$$

（2）比例性。常数倍输入所得的输出等于原输入所得输出的常数倍，即若

$$x(t) \to y(t)$$

则

$$kx(t) \to ky(t)$$

（3）微分性。系统对原输入信号的微分等于原输出信号的微分，即若

$$x(t) \to y(t)$$

则

$$x'(t) \to y'(t)$$

（4）积分性。当初始条件为零时，系统对原输入信号的积分等于原输出信号的积分，即若

$$x(t) \to y(t)$$

则

$$\int x(t) dt \to \int y(t) dt$$

（5）频率保持性。若系统的输入为某一频率的谐波信号，则系统的稳态输出将为同一频率的谐波信号，即若

$$x(t) = A\cos(\omega t + \varphi_x)$$

则

$$y(t) = B\cos(\omega t + \varphi_y)$$

线性系统的这些主要特性，特别是符合叠加原理和频率保持性，在测量工作中具有重要作用。例如，在稳态正弦激振试验时，响应信号中只有与激励频率相同的成分才是由该激励引起的振动，而其他频率成分皆为干扰噪声，应予以剔除。

二、理想测试系统

理想的测试系统应该具有单值的、确定的输入-输出关系。对于每一输入量都应该只有单一的输出量与之对应，知道其中一个量就可以确定另一个量。其中以输出和输入呈线性关系最佳。理想系统也称为不失真传输系统，信号 $x(t)$ 通过一个系统，其响应 $y(t)$ 若不失真，则这个系统称为无失真传输系统（即理想系统）。

有一个测试系统，其输出 $y(t)$ 与输入 $x(t)$ 满足关系

$$y(t) = A_0 x(t - t_0) \tag{1.42}$$

式中，A_0 和 t_0 都是常数。此式表明该测试系统的输出波形与输入信号的波形精确地一致，只是幅值放大了 A_0 倍，在时间上延迟了 t_0 而已，如图 1.27 所示。在这种情况下，我们认为测试系统具有不失真的特性。

因此，检测系统实现不失真测试时，频域上必须满足

$$\begin{cases} A(\omega) = A_0 \\ \varphi(\omega) = -\omega t_0 \end{cases} \tag{1.43}$$

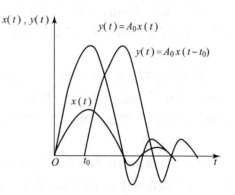

图 1.27　波形不失真复现

许多实际测量装置无法在较大工作范围内满足线性要求，但可以在有效测量范围内近似满足线性测量关系要求。

1.4　测量误差及实验数据处理

测量精度（高、低）从概念上与测量误差（小、大）相对应，目前误差理论已发展成为一门专门学科，涉及内容很多，许多高校的相关专业专门开设"误差理论与数据处理"课程。为适应不同的读者需要和便于后面各章的介绍，下面对测量误差的一些术语、概念、常用误差处理方法和检测系统的主要性能指标作一扼要的介绍。

1.4.1　误差的基本概念

一、真值

由于检测系统（仪表）不可能绝对精确，测量原理的局限、测量方法的不尽完善、环境因素和外界干扰的存在以及测量过程可能会影响被测对象的原有状态等，使得测量结果不能准确地反映被测量的真值而存在一定的偏差，这个偏差就是测量误差。

真值是被测量在被观测时所具有的量值。从测量的角度来看，真值是不能确切获知的，是一个理想的概念。在测量中，一方面无法获得真值，而另一方面又往往需要真值。因此引进了"约定真值"。约定真值是指对给定的目的而言，它被认为充分接近于真值，因而可以代替真值来使用的量值。在实际测量中，被测量的实际值、已修正过的算术平均值均可作为约定真值。

检测仪器（或系统）指示或显示（被测参量）的数值叫示值，也叫测量值或读数。

二、误差的表示方法

基本误差通常有以下几种表示形式。

1. 绝对误差

检测系统的指示值与被测量的真值之间的代数差值称为检测系统测量值的绝对误差。绝对误差说明了系统示值偏离真值的大小，其值可正可负，具有和被测量相同的单位。

2. 相对误差

检测系统测量值（即示值）的绝对误差与被测参量真值的比值，称为检测系统测量（示值）的相对误差，常用百分数表示。用相对误差通常比其绝对误差能更好地说明不同测量的精确程度，一般来说相对误差值小，其测量精度就高；相对误差本身没有单位。

3. 引用误差

检测系统指示值的绝对误差与系统量程 L 的比值，称为检测系统测量值的引用误差。在评价检测系统的精度或不同的测量量程时，利用相对误差作为衡量标准有时也不太准确。引用误差通常仍以百分数表示。

4. 最大引用误差（或满度最大引用误差）

在规定的工作条件下，当被测量平稳增加或减少时，在检测系统全量程所有测量值引用误差（绝对值）的最大者，或者说所有测量值中最大绝对误差（绝对值）与量程的比值的百分数，称为该系统的最大引用误差。最大引用误差是检测系统基本误差的主要形式，故也常称为检测系统的基本误差。它是检测系统最主要的质量指标，可很好地表征检测系统的测量精确度。

三、检测仪器的精度等级与容许误差

1. 精度等级

取最大引用误差百分数的分子作为检测仪器（系统）精度等级的标志，也即用最大引用误差去掉正负号（±）和百分号（%）后的数字来表示精度等级，精度等级用符号 G 表示。

为统一和方便使用，GB 776—1976《测量指示仪表通用技术条件》规定，测量指示仪表的精度等级 G 分为 0.1、0.2、0.5、1.0、1.5、2.5、5.0 七个等级，这也是工业检测仪器（系统）常用的精度等级。

任何符合计量规范的检测仪器（系统）都满足

$$|\gamma_{max}| \leq G \cdot 100\% \tag{1.44}$$

2. 容许误差

容许误差是指检测仪器在规定使用条件下可能产生的最大误差范围，它也是衡量检测仪器最重要的质量指标之一。

1.4.2 测量误差的分类

从不同的角度，测量误差可有不同的分类方法。

一、按误差的性质分类

根据测量误差的性质（或出现的规律）产生的原因，按误差的统计特征通常可分为系

统误差、随机误差和粗大误差三类。

1. 系统误差

在对同一被测量进行多次测量的过程中，出现某种保持恒定或确定的方式变化着的误差，就是系统误差。在测量偏离了规定的测量条件时，或测量方法引入了会引起某种按确定规律变化的因素时就会出现此类误差。

2. 随机误差

当对同一量进行多次测量的过程中，误差的正负号和绝对值以不可预知的方式变化着，则此类误差称为随机误差。测量过程中有着众多的、微弱的随机影响因素存在，它们是产生随机误差的原因。随机误差就其个体而言是不确定的，但其总体却有一定的统计规律可循。

3. 粗大误差

这是一种明显超出规定条件下预期误差范围的误差，是由某种不正常的原因造成的。数据处理时，允许也应该剔除含有粗大误差的数据。

二、按被测参量与时间的关系分类

按被测参量与时间的关系可分为静态误差和动态误差两大类。习惯上，在被测参量不随时间变化时所测得的误差称为静态误差；在被测参量随时间变化过程中进行测量时所产生的附加误差称为动态误差。

1.4.3 测量误差的评定

一般的，对测量结果进行评定时，利用不确定度来评价测量误差的大小及影响。

一、标准不确定度的 A 类评定方法

对被测量 x，在重复性条件或复现性条件下进行 n 次重复观测，观测值为 $x_i(i=1,2,\cdots,n)$。

其算术平均值 $\bar{x}$ 为

$$\bar{x} = \sum_{i=1}^{n} x_i \tag{1.45}$$

单次测量的实验标准差，由贝塞尔公式计算得到：

$$S(x_i) = \sqrt{\frac{1}{n-1} \sum_{i=1}^{n} (x_i - \bar{x})^2} \tag{1.46}$$

平均值的实验标准差 $S(\bar{x})$ 为

$$S(\bar{x}) = \frac{S(x_i)}{\sqrt{n}} \tag{1.47}$$

多次测量的平均值比一次测量值更准确，随测量次数的增多，平均值收敛于期望值，故通常以样本的算术平均值 $\bar{x}$ 作为被测量的估计，以单次测量的实验标准差 $S(x_i)$ 作为测量结果的标准不确定度，即 A 类标准不确定度。

当测量结果取观测结果的任一次 x_i 时，所对应的 A 类不确定度为

$$\mu(\bar{x}) = S(x_i) = \sqrt{\frac{1}{n-1}\sum_{i=1}^{n}(x_i - \bar{x})^2} \quad (1.48)$$

当测量结果取其中的 m 次的算术平均值 $\bar{x}_m$ 时，所对应的 A 类不确定度为

$$\mu(\bar{x}_m) = \frac{S(x_i)}{\sqrt{m}} \quad (1.49)$$

二、标准不确定度的 B 类评定方法

用算术平均值来代表被测量的真值是可靠的，但并不等于真值，只能说非常接近，但它们到底相差多少，虽不能说出具体差值，但可估出一个范围，使此区间包含真值，此区间称为置信区间。

置信区间是相对的，有条件的，在某置信概率下给出的。置信概率常用 $1-\alpha$ 表示，α 称为显著性水平或置信度。

$1-\alpha = 0.95$ 时，真值 μ 的置信区间为

$$\left[\bar{L} - 1.96\frac{\sigma}{\sqrt{n}}, \bar{L} + 1.96\frac{\sigma}{\sqrt{n}}\right]$$

$1-\alpha = 0.6832$ 时，真值 μ 的置信区间为

$$\left[\bar{L} - \frac{\sigma}{\sqrt{n}}, \bar{L} + \frac{\sigma}{\sqrt{n}}\right]$$

$1-\alpha = 0.9973$ 时，真值 μ 的置信区间为

$$\left[\bar{L} - 3\frac{\sigma}{\sqrt{n}}, \bar{L} + 3\frac{\sigma}{\sqrt{n}}\right]$$

对于已给的显著性水平 α，选未知数的置信区间为 (λ_1, λ_2)，且 $0 < \lambda_1 < \lambda_2$，则方差 σ^2 的置信区间为

$$\left[\frac{\sum_{i=1}^{n}(l_i - \bar{l})^2}{\lambda_1}, \frac{\sum_{i=1}^{n}(l_i - \bar{l})^2}{\lambda_2}\right]$$

则标准偏差 σ 的置信区间为

$$\left[\sqrt{\frac{\sum_{i=1}^{n}(l_i - \bar{l})^2}{\lambda_1}}, \sqrt{\frac{\sum_{i=1}^{n}(l_i - \bar{l})^2}{\lambda_2}}\right] \quad (1.50)$$

第 2 章　检测系统的典型测控电路

测控电路是测控系统中最灵活的环节，它体现在以下几个方面：
（1）模数转换与数模转换。
（2）信号形式的转换。
（3）量程的变换。
（4）信号的选取。

影响测控电路精度的主要因素有：温漂；线性度与保真度；输入与输出阻抗的影响，以及噪声与干扰；失调与漂移的影响。而噪声与干扰，失调与漂移是最基本的因素。

检测系统的典型测控电路主要包括信号放大、信号滤波、信号的调制及解调电路。本书重点介绍信号放大电路和滤波电路。

2.1　运算放大器

2.1.1　运算放大器概述

运算放大器（简称运放）是测试电路中一个重要的多端元件。运放的作用是把输入电压放大一定倍数后再输送出去，其输出电压与输入电压之比称为电压放大倍数（或称电压增益）。运放实质是一种具有高增益（可达几万倍）、高输入阻抗（可达 1 MΩ）、低输出阻抗（只有 100 Ω 左右）的放大器。运放与 RC 元件可以完成各种数学运算，所以称为运算放大器。不过它的应用范围远远超出这些运算功能。运放是一块集成芯片（或一块集成芯片有几个运放），因此，它可以被看作一个常用的电路元件。运算电路是集成运算放大器的基本应用电路，它是集成运放的线性应用。集成运算放大器是一种具有高电压放大倍数的直接耦合多级放大电路。当外部接入不同的线性或非线性元器件组成输入或负反馈电路时，可以灵活地实现各种特定的函数关系。在线性应用方面，可组成比例、加法、减法、积分、微分、对数、RC 有源滤波器等模拟运算和信号处理电路。这些电路在测试系统中的应用十分广泛，是检测技术的基础。

2.1.2　理想运算放大器的特点

如图 2.1 所示，当运算放大器的两个输入端同时加电压 u_- 和 u_+ 时，输出电压为

$$u_o = A(u_+ - u_-) = Au_d \quad (2.1)$$

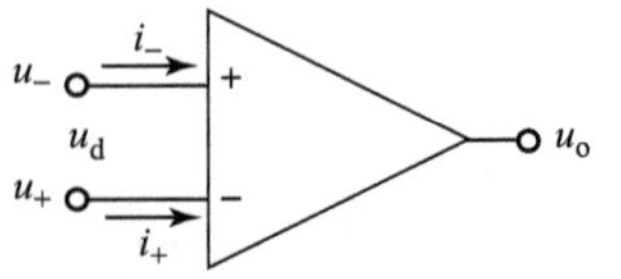

式中，A 为运放的电压放大倍数。运放这种输入情况称为差动输入，u_d 称为差动输入电压。

如果同相输入端与公共端短接，反相输入端加电压 u_- 时，这时输出电压 u_o 为

$$u_o = -Au_- \quad (2.2)$$

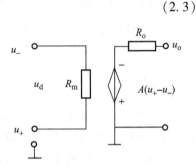

图 2.1 理想运算放大器

反之，同相输入端加电压 u_+ 时，输出电压 u_o 为

$$u_o = Au_+ \quad (2.3)$$

运算放大器的电路模型如图 2.2 所示。图中，R_m 为运放的输入电阻，接近 1 MΩ；R_o 为运放的输出电阻，约为 100 Ω，通常把运放的工作范围限定在线性段。在理想情况下，R_m 为无穷大，R_o 为零。由于 u_d 为有限值，运放输入电流 i_- 和 i_+ 均为零，相当于开路，这种情况称为虚开路。显然，不能将两个输入端真正开路。在理想情况下，A 为无穷大，由式（2.1）可见，由于 u_o 为有限值，必有 $u_d = u_+ - u_- = 0$，这时，运放输入端相当于短路，称为虚短路。显然，不能将两个输入端真正短路。

图 2.2 运算放大器的电路模型

因此，运放工作在线性段，如果运放的 $R_m \to \infty$，$R_o \to \infty$，$A \to \infty$，则把这种运放称为理想运放。实际上，在做一般原理性分析时，实际运算放大器的性能与理想运算放大器相近，所以在分析电路时，上述虚开路、虚短路的概念对实际运算放大器也是适用的。因此在通常情况下实际运算放大器都可以视为理想的，只要实际的运用条件不使运算放大器的某个技术指标明显下降即可。

2.1.3 基本运算电路

由于实际运算放大器可以近似当作理想运算放大器来看待，将运算放大器的放大电路接上一定的反馈电路和外界元件，就可以实现各种数学运算。运算放大器带有反相输入、同相输入和双端输入三种输入方式，同时它的反馈电路也有各种形式。

一、比例运算电路

比例运算电路可分为反相比例运算电路和同相比例运算电路两种。

1. 反相比例运算电路

反相比例运算电路如图 2.3 所示。对于理想运放，根据虚短路、虚开路的概念，该电路的输出电压与输入电压之间的关系为

$$U_o = -\frac{R_F}{R_1} U_i \quad (2.4)$$

为了减小输入级偏置电流引起的运算误差，在同相输入端应接入平衡电阻 $R_1 = R_2 /\!/ R_F$。R_P 为调零电位器，即当输入

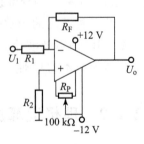

图 2.3 反相比例运算电路

信号为零，输出信号不为零时，通过调节 R_P 使输出信号为零。

2. 同相比例运算电路

同相比例运算电路如图 2.4 所示，它的输出电压与输入电压之间的关系为

$$U_o = -\left(1 + \frac{R_F}{R_1}\right)U_i \tag{2.5}$$

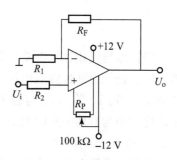

图 2.4　同相比例运算电路

3. 电压跟随器与反相器

在图 2.5 所示电路中，当 R_1 断开，即 $R_1 \to \infty$ 时，有 $U_o = U_i$，即得到如图 2.5 所示的电压跟随器。R_F 用以减少零点漂移和起保护作用，$R_2 = R_F$。R_F 一般取 10 kΩ，R_F 太小，起不到保护作用，太大则会影响跟随性。

只要把电压跟随器的输入信号放在"-"端，就成为一个反相器，如图 2.6 所示。该电路的输出电压与输入电压之间的关系为 $U_o = -U_i$。

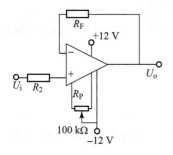

图 2.5　电压跟随器

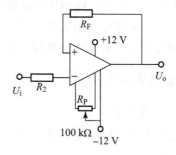

图 2.6　反相器

二、加法运算电路

1. 反相加法运算电路

反相加法运算电路如图 2.7 所示，输入端的个数可根据需要进行调整，其中电阻 $R_3 = R_1 /\!/ R_2 /\!/ R_F$。它的输出与输入电压的关系为

$$U_o = -\left(\frac{R_F}{R_1}U_{i1} + \frac{R_F}{R_2}U_{i2}\right) \tag{2.6}$$

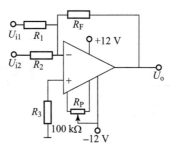

图 2.7　反相加法运算电路

当 $R_1 = R_2$ 时，则有

$$U_o = -\frac{R_F}{R_1}(U_{i1} + U_{i2}) \tag{2.7}$$

它的特点与反相比例电路相同。此加法器还可扩展到多个输入电压相加。在进行电压相加的同时，仍能保证各输入电压及输出电压间公共的接地端，使用方便。由于"虚地"点的"隔离"作用，输出 U_o 与各个输入端间的比例系数仅仅取决于 R_F 与各相应输入回路的电阻之比，而与其他各路的电阻无关。因此，参数值的调整比较方便。

2. 同相加法运算电路

同相加法运算电路也称为正加法器，电路图如图 2.8 所示，图中 $R' = R_1 \; // \; R_2 \; // \; R_3 \; // \; R_F$。当 $R_1 = R_2 = R_3$ 时，与反相求和电路方法相同，可得

$$U_o = \frac{R_F}{R_1}(U_{i1} + U_{i2}) \tag{2.8}$$

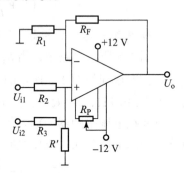

图 2.8 同相加法运算电路

它的调节不如反相求和电路，而且共模输入信号大，因此应用不太广泛。同理，同相比例运算电路也很少应用。在实际工程中，如果需要正加法器（或正比例器），只在反相加法器（或反相比例器）后面级联一个反相器即可。

三、减法器与积分器

1. 减法运算电路

减法运算电路（减法器）实质是一个差动放大电路，如图 2.9 所示。$R_1 = R_2, R_3 = R_F$ 时，有如下关系：

$$U_o = \frac{R_F}{R_1}(U_{i2} - U_{i1}) \tag{2.9}$$

2. 积分运算电路

反相积分运算电路如图 2.10 所示。在理想条件下，输出电压为

$$u_o(t) = -\frac{1}{R_1 C}\int_0^t u_i \mathrm{d}t + u_c(0) \tag{2.10}$$

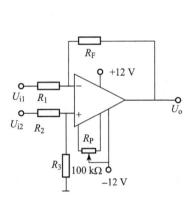

图 2.9 减法运算电路

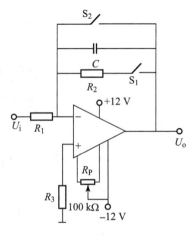

图 2.10 反相积分运算电路

式中，$u_c(0)$ 为电容 C 的初始值。

如果输入信号 $u_i(t)$ 是幅值为 E 的阶跃电压，并设 $u_c(0) = 0$，则

$$u_o(t) = -\frac{1}{R_1 C}\int_0^t E dt = \frac{E}{R_1 C}t \tag{2.11}$$

即输出电压 $u_o(t)$ 随时间增长而线性增加。显然 RC 的数值越大，达到给定的 U_o 值所需的时间就越长。积分输出电压所能达到的最大值受集成运放最大输出范围的限制。

实际的积分电路不可能是理想的，常常出现积分误差，主要原因是实际集成运放的输入失调电压、输入偏置电流和失调电流的影响，实际的电容 C 存在漏电流等。

2.2 信号放大电路

在测量控制系统中，用来放大传感器输出的微弱电压、电流或电荷的测量电路，亦称仪用放大电路，或称信号放大电路。大多数模拟电子系统中都应用了不同类型的放大电路。放大电路也是构成其他模拟电路，如滤波、振荡、稳压等功能电路的基本单元电路。

信号放大电路有两方面的功能：

（1）能将微弱的电信号增强到人们所需要的数值（即放大电信号），以便于人们测量和使用。检测外部物理信号的传感器所输出的电信号通常是很微弱的，对这些能量过于微弱的信号，既无法直接显示，一般也很难做进一步分析处理。通常需把它们放大到毫伏量级，才能用数字式仪表或传统的指针式仪表显示出来。若对信号进行数字化处理，则需把信号放大到数百毫伏量级才能被一般的模数转换器所接受。

（2）某些电子系统需要输出较大的功率，如家用音响系统，往往需要把声频信号功率提高到数瓦或数十瓦。而输入信号的控制，使放大电路能将较小能量转化为较大的输出能量，去推动负载。

对信号放大电路的基本要求是：输入阻抗应与传感器输出阻抗匹配；一定的放大倍数和稳定的增益；低噪声；低的输入失调电压和输入失调电流以及低的漂移；足够的带宽和转换速率；高共模输入范围和共模抑制比；可调的闭环增益；线性好，精度高；成本低，等等。

2.2.1 电桥放大电路

由传感器电桥和运算放大器组成的放大电路称为电桥放大电路。应用于电参量式传感器，如电感式、电阻应变式、电容式传感器等，经常通过电桥转换电路输出电压或电流信号，并用运算放大器做进一步放大，或由传感器和运算放大器直接构成电桥放大电路，输出放大了的电信号。

常见的电桥放大器是由电参量式传感器电桥和运算放大器组成的电路。根据电桥的输出形式，放大电路有单端输入和差动输入两类。电桥放大器广泛应用于工业自动化变送器和微弱信号检测装置中，它的实际电路有很多种。差动输入电桥放大器电路如图 2.11 所示。桥路中只用了一个变臂 $(R+\Delta R)$，E 是一个高稳定直流电压源，u_a 与 u_b 等电位，a 点电位与

输出电压 u_o 之差是由 ΔR 产生的,由此可见,放大器输出电压 u_o 与变臂电阻值的相对变化成正比。

在物理量的测量中,经常要用到电桥电路。如为了获得压力、温度以及应变等物理量的信息,常把传感元件(如电阻应变片)接入电桥的一个臂,作为检测元件。在正常情况下,令桥的四臂电阻相等,当压力变化引起传感元件阻值变化 ΔR 时,检测元件的电阻将变为 $R+\Delta R$,电桥的输出

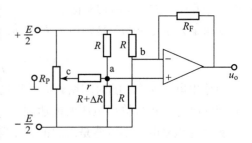

图 2.11 差动输入电桥放大器

电压 U_{ab} 也随之变化。但是这一输出电压往往很微弱(一般为毫伏量级),需要经过放大才能满足测量(或显示、控制)的需要。为此,在电桥后面接一个运放,两者组合构成最基本的电桥放大器,如图 2.11 所示。

设电路满足 $R_F \gg R$ 条件,可以求得

$$u_o \approx \frac{E}{2} \cdot \frac{\Delta R R}{R} \cdot \frac{R_F}{R} \tag{2.12}$$

设传感元件电阻的相对变化为 $\delta = \dfrac{\Delta R}{R}$,则

$$u_o = \frac{E}{2} \cdot \frac{R_F}{R}\delta \tag{2.13}$$

说明输出电压与传感元件阻抗的相对变化成正比。如果 δ 与被测物理量的函数关系已知,则由输出电压 u_o 即可测得该物理量。

2.2.2 集成仪表放大电路

运算放大器对微弱信号的放大,只适用于信号回路不受干扰的情况。但是,传感器的工作环境往往是较复杂和恶劣的,传感器的两条输出线上经常产生较大的干扰信号(噪声),特别是共模干扰。而一般运放放大电路对共模干扰信号抑制作用不理想,为此,需要引入另一种形式的放大器,即所谓的仪表放大器。它广泛应用于传感器的信号放大,特别是微弱信号具有较大共模干扰信号的场合。

图 2.12 的虚框中为仪表放大器的原理电路。仪表放大器常采用的形式为三个运算放大器,第一级为两个运算放大器(A_1、A_2)组成的具有电压负反馈电路,这部分电路具有双端输入、双端输出的特点;第二级为差动放大器(A_3),将双端输入转换为单端输出。将三个运算放大器和经激光修正的精密电阻集成在一个单芯片上,保证了增益精度和温度的稳定性,实现小信号的放大。美国 AD 公司的 AD521 仪表放大器就是采用图 2.12 所示的电路形式。

图 2.12 所示电路左半部分(虚框外部)为集成仪表放大器的外接电路,其中四个二极管起电压限幅作用,四个电阻 R 起限流作用,都是为保护 A_1、A_2 两个运算放大器而设计的。此电路的增益由外接电阻 R_G 决定,由于限流电阻 R 比 R_1、R_2、R_3 小得多,忽略 R 不计时,仪表放大器的电压增益为

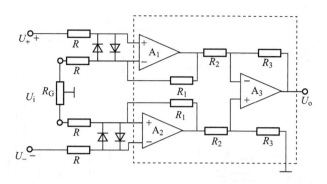

图 2.12　仪表放大器的电路原理图

$$A_U = \frac{U_o}{U_i} = \frac{R_3}{R_2}\left(1 + 2\frac{R_1}{R_G}\right) \tag{2.14}$$

式中，电阻 R_1、R_2、R_3 是经过激光修正的，绝对值精度很高，这些电阻的精度和温度稳定性将影响仪表放大器增益的精度和漂移。外部电阻 R_G 的精度和温度稳定性随增益的精度和温度稳定性的影响可直接从增益表达式得到。减少外部电阻的阻值可获得较大的增益，但会受到接线电阻的影响，当增益为 100 或更大时，插座和接线电阻将增大增益误差。

在实际应用时，当电源含有噪声或输出阻抗较高时，应尽可能将滤波电容靠近器件的电源引脚。电路的输出参考地为真正的地，必须是低阻抗的，以保证抗共模干扰信号的特性。

2.2.3　程控放大电路

在数据采集和测量系统中，为了实现智能化的测量，必须根据测试对象的实际情况改变信号调理环节的某些指标，最常见的是改变信号的放大倍数（增益）或滤波器的频率特性。电路的放大倍数或滤波器的频率特性由电路中电阻和电容的值决定，改变其值即能改变其特性。程控增益放大或滤波是指通过微处理器的输出接口设置放大器或滤波器的参数，进而改变电路的特性。具体方法是通过微处理器输出接口产生的数字量控制模拟开关，如模拟开关上连接了不同的电阻或电容，则电路的放大倍数或滤波器的频率特性随之发生变化。程控增益放大或滤波具有便于信号处理，提高信号抗微分干扰的能力。程控增益放大器分为两大部分：译码选通指定的放大器并存储放大倍数；放大器部分，按照指定的放大倍数进行放大。

如图 2.13（a）所示电路，模拟开关用作控制放大器的增益。用数字量来控制模拟信号的通或断，采用负反馈的连接方法，利用改变反馈电阻的方法改变增益，但反馈电阻的阻值包含了模拟开关的导通电阻，因而会影响增益的准确性和稳定性。合理的方法是将模拟开关的导通电阻连接在不影响增益的回路上，如图 2.13（b）所示，此电路的增益由外接电阻来决定，因而模拟开关的导通电阻不影响电路的增益。

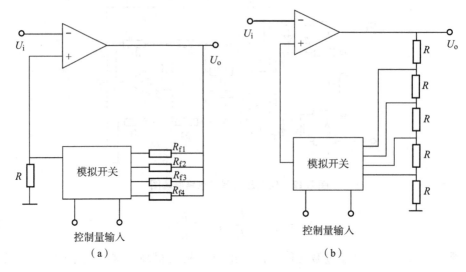

图 2.13　程控增益放大器的基本原理
（a）负反馈连接；（b）增益由负载电阻的比例决定

2.2.4　电荷放大电路

电荷放大器的特点是精度高、噪声低、种类齐全（通用、积分、差动输入，等等），是一种深度电容负反馈的高开环增益的运算放大器。它把压电类型传感器的高输出阻抗转变为低输出阻抗，把输入电荷量转变为输出电压量，把传感器的微弱信号放大到一个适当的归一化数值，应用于测量振动、冲击、压力等参数。

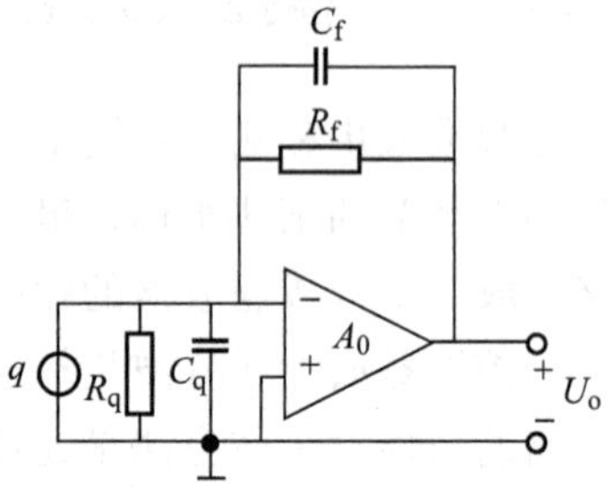

电荷放大器的作用是将电荷源产生的电荷引入负反馈电容 C_f，在运放的输出端得到与被测量量值相对应的输出电压。电荷放大电路如图 2.14 所示，电路中 R_q、C_q 为传感器产生的电荷源具有的等效内阻和等效电容参数。等效内阻 R_q 由于压电材料本身的原因，一般 R_q 值很大，压电传感器的等效电容 C_q 相对于反馈电容 C_f 是可以忽略的。R_f 是为提高放大器的稳定性而引入的直流负反馈。在上述前提下，可得到电荷放大器输出电压的表达式：

图 2.14　电荷放大电路

$$U_o = -j\omega q A_0 \left(R_{f1} // \frac{1}{j\omega C_{f1}}\right) = \frac{-j\omega q A_0}{(1+A_0)\left(j\omega C_f + \frac{1}{R_f}\right)} \approx \frac{-j\omega q}{j\omega C_f + \frac{1}{R_f}} \quad (2.15)$$

式中，$C_{f1} = (1+A_0)C_f$；$R_{f1} = \dfrac{R_f}{1+A_0}$。如果适当选择 R_f，使 $\omega C_f \gg 1/R_f$ 时，式（2.15）化简为

$$U_o = -\frac{q}{C_f} \quad (2.16)$$

式（2.16）表明电荷放大器的输出与压电传感器产生的电荷成正比。

压电传感器的输出端接在运算放大器的输入端，与运算放大器的（差动）输入电阻并联。为避免本应输送到 C_f 上的电荷被运放输入电阻分流，对用于电荷放大器的一个特殊要求就是其输入电阻应该特别高（$10^{10}\ \Omega$ 以上），适合用于电荷放大器的运算放大器有 TL081/82/84、CA3140、TLC2254。还要注意的是，电荷放大器输入端要加过载保护电路，否则在传感器过载时会产生过高的电压。

2.3 有源滤波电路

滤波器是一种能使有用频率的信号通过，同时对无用频率的信号进行衰减的电子装置。在工程上，滤波器常被用在信号的处理、数据的传送和干扰的抑制等方面。滤波器按照组成的元件，可分为有源滤波器和无源滤波器两大类。只由电阻、电容、电感等无源元件组成的滤波器称为无源滤波器；由放大器等有源元件和无源元件混合组成的滤波器称为有源滤波器。由运算放大器和电阻、电容（不含电感）组成的滤波器称为 RC 有源滤波器。含有有源器件的各种滤波网络，与利用电感器、电容器实现滤波功能的无源滤波器相比，有源滤波器可以省去体积庞大的电感元件，便于小型化和集成化，适于实现较低频率的滤波。有源滤波器是一种重要的信号处理电路，它可以突出有用频段的信号，衰减无用频段的信号，抑制干扰和噪声信号，达到选频和提高信噪比的目的。实际使用时，应根据具体情况选择低通、高通、带通或带阻滤波器，并确定滤波器的具体形式。有源滤波器实际上是一种具有特定频率响应的放大器。

RC 有源滤波器按照它所实现的传递函数的阶数，可分为一阶、二阶和高阶 RC 有源滤波器。从电路结构上看，一阶 RC 有源滤波器含有一个电阻和一个电容；二阶 RC 有源滤波器含有两个电阻和两个电容；一般高阶 RC 有源滤波器，可以由一阶和二阶的滤波器通过级联来实现。

低通滤波器的主要技术指标：

通带增益 A_0：通带增益是指滤波器在通频带内的电压放大倍数。性能良好的 LPF 通带内的幅频特性曲线是平坦的，阻带内的电压放大倍数基本为零。

通带截止频率 f_p：其定义与放大电路的上限截止频率相同，即通带增益 A_0 下降到 $A_0/\sqrt{2}$（即 $-3\ \mathrm{dB}$）处对应的频率。通带与阻带之间称为过渡带，过渡带越窄，说明滤波器的选择性越好。

1. 一阶低通有源滤波器

一阶低通有源滤波器电路如图 2.15 所示，其幅频特性如图 2.16 所示。图 2.16 中虚线为理想的情况，实线为实际的情况。特点是电路简单，阻带衰减太慢，选择性较差。

当 $f = 0$ 时，各电容器可视为开路，由图 2.15 可得通带内的增益为

$$A_0 = 1 + \frac{R_2}{R_1} \tag{2.17}$$

一阶低通滤波器的传输函数为

$$H(s) = \frac{U_o(s)}{U_i(s)} = \frac{A_0}{1 + \dfrac{s}{\omega_0}} \tag{2.18}$$

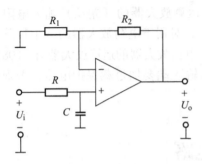 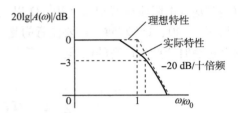

图 2.15 一阶低通有源滤波器电路　　　　图 2.16 一阶低通有源滤波器幅频特性

式中，$\omega_0 = 1/(RC)$，称为电路的固有角频率。对应的固有频率为

$$f_0 = \frac{\omega_0}{2\pi} = \frac{1}{2\pi RC} \tag{2.19}$$

2. 二阶低通有源滤波器

为了使输出电压在高频段以更快的速率下降，以改善滤波效果，再加一级 RC 低通滤波环节，称为二阶低通有源滤波电路。它比一阶低通滤波器的滤波效果更好。二阶低通有源滤波器电路如图 2.17 所示，其幅频特性如图 2.18 所示。可求得该电路的电压传输函数为

$$H(s) = \frac{U_o(s)}{U_i(s)} = A_0 \frac{\omega_0^2}{s^2 + 3\omega_0 s + \omega_0^2} \tag{2.20}$$

式中，$\omega_0 = 1/(RC)$；$A_0 = 1 + R_f/R_1$。

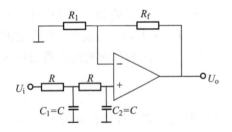 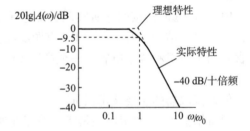

图 2.17 二阶低通有源滤波器电路　　　　图 2.18 二阶低通有源滤波器幅频特性

第 3 章 虚拟仪器技术及 LabVIEW 应用

3.1 图形化编程语言 LabVIEW

3.1.1 LabVIEW 简介

LabVIEW 是 Laboratory Virtual Instrument Engineering Workbench（实验室虚拟仪器集成环境）的简称，是由美国国家仪器（National Instruments，NI）公司创立的一个功能强大、灵活的仪器和分析软件应用开发工具。NI 公司生产基于计算机技术的软、硬件产品，其产品帮助工程师和科学家进行测量、过程控制及数据分析和存储。

LabVIEW 本身是一个功能完整的软件开发环境，同时也是一种功能强大的编程语言。由于 LabVIEW 采用基于流程图的图形化编程方式，也被称为 G 语言（Graphical Language）。与其他编程语言相同，G 语言既定义了数据类型、结构类型、语法规则等编程语言的基本要素，也提供了包括断点设置、单步调试和数据探针在内的程序调试工具，在功能完整性和应用灵活性上不逊于任何高级语言。对测试工程师而言，LabVIEW 最大的优势表现在两个方面：一方面是编程简单，易于理解，尤其是对熟悉仪器结构和硬件电路的工程技术人员，变得就像设计电路一样，上手快，效率高；另一方面，LabVIEW 针对数据采集、仪器控制、信号分析和数据处理等任务，设计提供了丰富完善的功能图标，用户只需直接调用，可免去自己编写程序的烦琐。LabVIEW 作为开放的工业标准，还提供了各种接口总线和常用仪器的驱动程序，是一个通用的软件开发平台。

虚拟仪器（Virtual Instruments，VI）是 LabVIEW 首先提出的创新概念。事实上，LabVIEW 编写的程序都冠以".vi"后缀，就表示虚拟仪器的含义。最初，LabVIEW 提出的虚拟仪器概念是一种程序设计思想。这种思想可以简单表述为：一个 VI 可以由前面板、数据流框图和图标连接端口组成，前面板相当于真实物理仪器的操作面板，数据流框图则相当于仪器的电路结构。前面板和数据流框图有各自的设计窗口，图标连接端口则负责前面板窗口和框图窗口之间的数据传输与交换。

随着现代测试与仪器技术的发展，虚拟仪器概念已经发展成为一种创新的仪器设计思想，成为设计复杂测试系统和测试仪器的主要方法和手段。虚拟仪器是 LabVIEW 的精髓，也是 G 语言区别于其他高级语言最显著的特征。可以说，正是由于 LabVIEW 的成功，才使得虚拟仪器的概念为学术界和工程界广泛接受；反之，也正是虚拟仪器概念的延伸与扩展，使得 LabVIEW 的应用更加广泛。

3.1.2　LabVIEW 开发环境

图 3.1 所示为 LabVIEW 启动的初始化界面。根据用户不同的使用目的，LabVIEW 的启动界面提供了四个选项。第一个选项"New VI"为创建新的 LabVIEW 程序。根据创建程序的不同类别，单击按钮右边的下拉标记可以进行类别设定。

图 3.1　LabVIEW 启动界面

LabVIEW 程序的创建主要依靠三个模板：控件选板、函数选板、工具选板。

控件选板包含各种控制件和显示件，用来创建程序前面板。函数选板包含编辑程序代码所涉及的 VI 程序和函数，这些 VI 程序和函数根据类型的不同被分组放在不同的子选板内。一般在启动 LabVIEW 后，这两个模板会自动显示出来。控件选板只对前面板编辑有效，即只在前面板窗口激活时才显示。函数选板只对代码编辑有效，即只在代码窗口激活时才显示。如果选板没有显示，可以使用菜单项或在控件窗口空白处单击鼠标右键来显示控件选板；使用菜单项或在代码窗口空白处单击鼠标右键来显示函数选板。另外一个重要的编程工具是工具选板。该选板上的工具可以对前面板和代码窗口中的对象进行编辑。选择不同的工具，光标变成不同的操作方式，可以修改、操作前面板对象和图标代码。控件选板、函数选板、工具选板如图 3.2 所示，顶端的三个按钮为搜索导航按钮，用户使用它们查找、制定控件的位置。

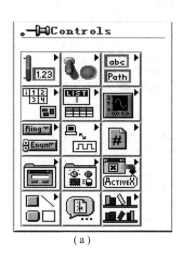 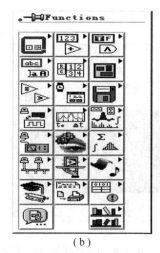 

图 3.2　LabVIEW 选板

(a) 控件选板；(b) 函数选板；(c) 工具选板

3.2　LabVIEW 前面板与程序框图

VI 为 LabVIEW 程序文件的基本单位。它由前面板、程序框图（后面板）两部分组成，如图 3.3 所示。

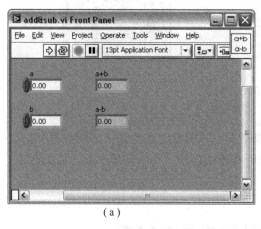 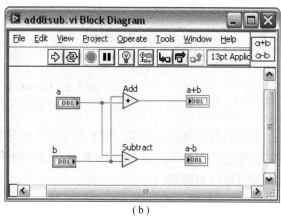

图 3.3　LabVIEW 的程序文件 VI

(a) 前面板；(b) 程序框图（后面板）

前面板相当于界面，如图 3.4 所示。每个 VI 都有前面板，主要包括：输入控件（Control），相当于输入；显示控件（Indicator），相当于输出；控件选板。

程序框图如图 3.5 所示，包括图形化的程序代码，决定程序运行行为等。可能包含元素有终端、子 VI、函数、常数、结构、连线等。

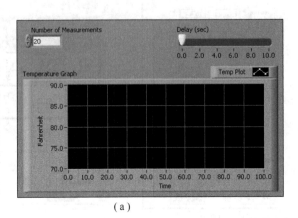 

(a)　　　　　　　　　　　　　　　　(b)

图 3.4　LabVIEW 的前面板

(a) 前面板；(b) 控件选板

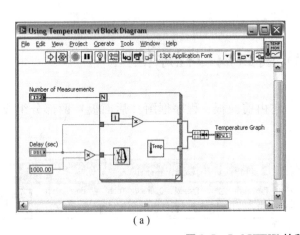 

(a)　　　　　　　　　　　　　　　　(b)

图 3.5　LabVIEW 的程序框图

(a) 程序框图；(b) 函数选板

通过不同的颜色、类型、粗细来表示不同的数据类型。需要注意的是，不同数据类型之间的连线会产生错误，利用 Ctrl + B 组合键可清除所有错误连线。LabVIEW 8.6 之后的版本，具有整理连线的功能。

3.3　LabVIEW 常见数据类型和运算

3.3.1　常见数据类型

1. 数值型

数值型数据可表示不同类型的数值，如图 3.6 所示。鼠标右键单击输入控件、显示控件或常量，从快捷菜单中选择表示法，可以改变数值型数据的表示法。

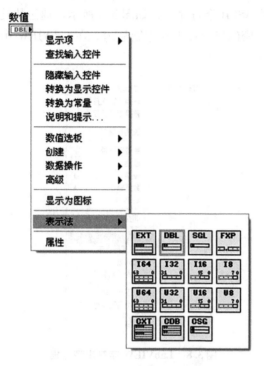

图 3.6　LabVIEW 数值型数据

2. 布尔型

在 LabVIEW 中，布尔型控件的行为通过机械动作定义。布尔型数据如图 3.7 所示，表示为绿色。通过 NI 范例查找器中的 Mechanical Action of Booleans VI，可熟悉各种开关动作和触发动作。

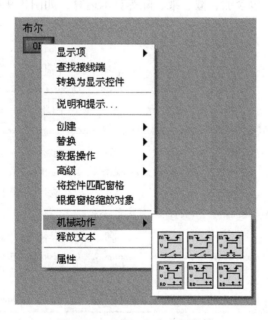

图 3.7　LabVIEW 布尔型数据

3. 字符串型

可显示或不可显示的ASCII字符序列，如图3.8所示。通过快捷菜单更改显示类型：正常显示、'/'代码显示、密码显示和十六进制显示。在LabVIEW中，字符串型数据表示为粉红色。

图3.8　LabVIEW字符串型数据

3.3.2　数据运算与操作

LabVIEW中的运算有很多，在编程中主要用各种符号表示。

1. 基本算术运算函数

基本算术运算函数，包含加、减、乘、除等算术运算，如图3.9所示。

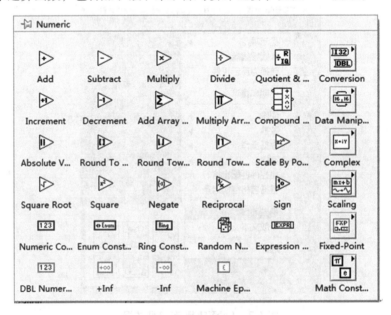

图3.9　基本算术运算函数

2. 位运算与逻辑运算函数

包含与、或、非以及二进制转换十进制等函数，符号如图 3.10 所示。

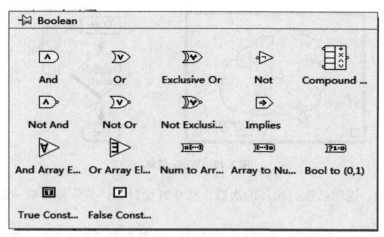

图 3.10　位运算与逻辑运算函数

3. 关系运算函数和比较函数

包含等于、不等于等比较关系函数，如图 3.11 所示。

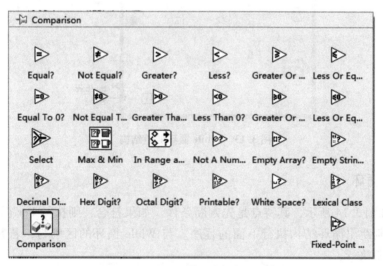

图 3.11　关系运算函数和比较函数

3.4　LabVIEW 常用的程序结构及应用

3.4.1　基本程序结构

一、While 循环

While 循环的特点是先执行程序，再判断是否符合停止条件。如果不符合，则继续重复进入 While 循环；如果符合，则跳出循环结构。While 循环如图 3.12 所示。While 循环至少会执行一次，这一点与 For 循环有区别。

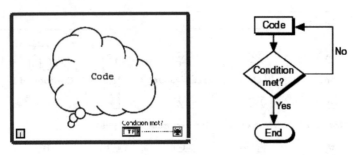

图 3.12 While 循环

计数接线端：返回已执行循环的次数，从 0 开始计数；条件接线端：定义循环结束条件。

隧道用于结构间的数据输入和输出，根据接入的数据类型更改颜色，如图 3.13 所示。循环结束后，数据传出隧道。隧道向循环传送数据时，需所有数据均到达隧道后，循环才能执行。

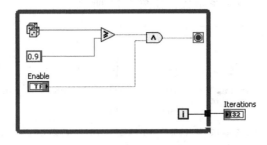

图 3.13 While 循环隧道结构

二、For 循环

For 循环如图 3.14 所示，其特点是先判断条件。如果符合，则执行 For 循环内的程序；如果不符合，则跳出循环结构执行下面的程序。与 While 循环的区别为，若判断条件不满足，则一次也不执行。

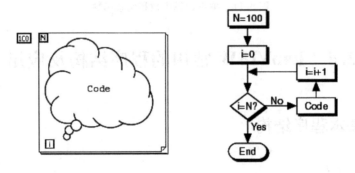

图 3.14 For 循环

创建 For 循环的方法与创建 While 循环类似。鼠标右键单击 While 循环边框，从快捷菜单中选择"替换为 For 循环"选项，可将现有 While 循环替换为 For 循环。总数接线端（输入端）中的值表示子程序的重复执行次数。

在 For 循环中添加条件接线端，当条件满足或发生错误时停止循环，如图 3.15 所示。

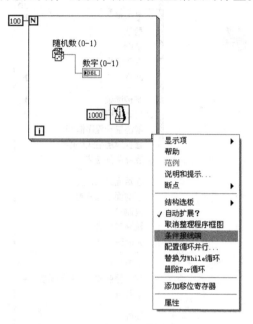

图 3.15　For 循环中添加条件接线端

3.4.2　特殊程序结构

一、条件结构

条件结构：在对程序的某个状态进行判断后，会产生一个多个可能结果的输入，如图 3.16 所示。条件结构的作用是识别这个输入的不同结果，然后跳转到相对应的不同的执行过程里面去。条件结构包括两个及两个以上子程序框图或分支，每次仅执行一个条件分支。执行哪个分支取决于输入值，类似于文本编程语言中的 case 语句或 if⋯then⋯else 语句。

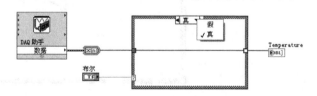

图 3.16　条件结构

条件结构的左侧有一个输入接口，用来接收多结果的输入，如图 3.16 所示。条件结构的上方默认有两个判断结果——真和假，可以根据需要添加多个判断结果，并修改其默认标示。可为条件结构指定默认的条件分支，如已为 1、2 和 3 指定条件分支，输入数据 4 时，条件结构将执行默认条件分支。鼠标右键单击条件结构边框可添加、复制、删除、重排及选择默认分支，如图3.17所示。

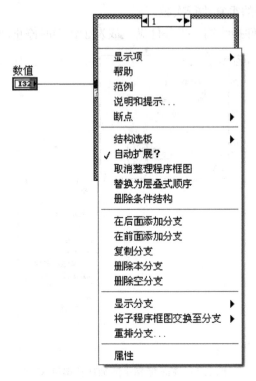

图3.17　条件结构选择默认分支

1. 条件结构——布尔型

布尔型输入有两个条件分支——真和假，如图3.18所示。

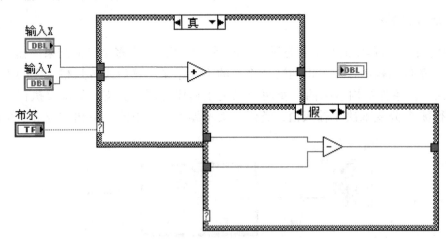

图3.18　布尔型条件结构

2. 条件结构——整数

尽可能为每个整数添加一个分支，未定义条件分支的整数将使用默认条件分支，如图3.19所示。

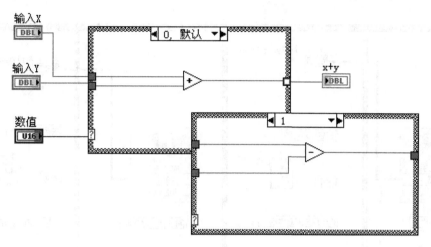

图 3.19 整数条件结构

3. 条件结构——字符串

尽可能为每个字符串添加条件分支,未定义条件分支的字符串将使用默认条件分支,如图 3.20 所示。

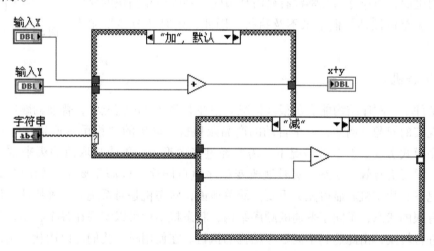

图 3.20 字符串条件结构

4. 条件结构——枚举型

提供给用户可选项目列表,枚举控件中的每一项都与分支选择器显示的条件分支相对应。

二、顺序结构

如果需强行指定执行顺序,常使用顺序结构。顺序结构是由多个帧组成的结构,按照帧的先后顺序执行。第一帧未完全执行前,不能执行第二帧。

顺序结构如图 3.21 所示,用来控制程序各个部分执行的先后顺序。可以选中顺序结构,鼠标右键单击选择"在前面添加帧""在后面添加帧"选项,来添加执行动作。注意:请勿滥用顺序结构,顺序执行过程中不能中断执行。

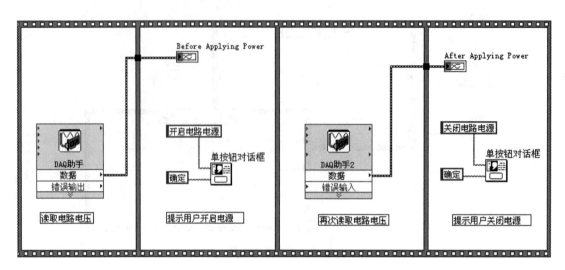

图 3.21 顺序结构

延时环节如图 3.22 所示，用来给某个动作分配一定的执行时间。在顺序结构里面，当连续的几帧没有延时环节时，各帧以相当快的速度运行完毕，甚至机械动作根本来不及执行。因此，延时环节显得尤为重要。

图 3.22 延时环节

三、状态机

一般条件下，顺序结构能满足很多情况。但在有些特殊的情况下，普通的顺序结构不能解决很多现实的问题。例如，一个自动的商品贩售机，简单的"投币→取货物"可以用一个正常顺序模式实现。但多数情况下，需要经过多次投币，更或是取消购买来结束一次操作。此时，需要更有效、动态、实时地改变程序执行顺序，以满足要求，如图 3.23 所示。在这种情况下，状态机就显得尤为重要。简单地说，状态机是对系统的一种描述，该类系统包含多种有限的状态，不同于普通的顺序结构，状态机结构可以实现在各个状态之间通过一定的条件进行转换，由此达到不同顺序结构的执行。在使用时，我们可以用状态图来对一个状态机进行精确的描述。

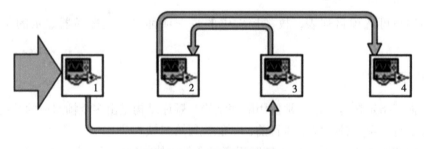

图 3.23 动态的程序结构

如图 3.24 所示，LabVIEW 中的状态机由三个基本结构组成，在最外层的是一个 While

循环。在 While 循环里,还包含一个含有多种状态的条件结构。While 循环来保持状态机始终运行,条件结构用作对各个不同状态进行对比。最后一个是移位寄存器,目的是将待执行状态传递到循环状态判断中。此外,在一个完整的状态机里,还会提供初始状态,用来确定第一次执行的指令,条件结构生成的状态机如图 3.25 所示。

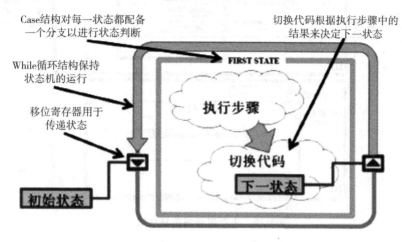

图 3.24 LabVIEW 中的状态机

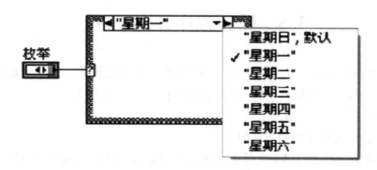

图 3.25 条件结构生成的状态机

四、生产者与消费者模式

在计算机编程语言中,所谓生产者,就是产生数据的线程,消费者就是调用数据的线程。在并行的编程语言中,如果生产者产生数据很快,而消费者处理速度很慢,那么生产者就必须等待消费者处理完才能继续产生数据。同理,如果消费者的处理能力大于生产者,那么消费者就必须等待生产者。

现实编程过程中,为解决这种不匹配的问题,LabVIEW 开发了生产者与消费者模式。通常,在 LabVIEW 中以传感器等作为信号采集的线程为生产者线程,以用生产者产生的数据进行运算处理的线程为消费者线程。生产者与消费者模式具体如图 3.26 所示。

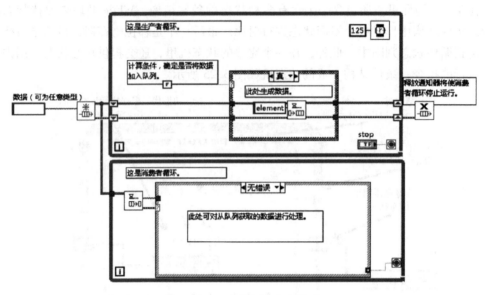

图 3.26 生产者与消费者模式

3.5 软件程序开发子 VI

在 VI 内部被调用的 VI, 称为子 VI。子 VI 相当于文本编程语言中的子程序, 前面板和程序框图右上角均显示 VI 图标, 图标为程序框图中 VI 的图形化表示。

1. 添加子 VI

以下两种方法都可以在程序里添加子 VI:

方法一: 如要放置一个子 VI 至程序框图, 在函数选板选择要用作子 VI 的 VI, 双击该 VI, 将其放置在程序框图上。

方法二: 如要放置一个已打开的 VI 至另一个打开 VI 的程序框图, 单击要用作子 VI 的 VI 的图标, 拖曳此图标至另一 VI 的程序框图中。

2. 子 VI 接线端设置

粗体: 必要接线端。

无格式: 推荐接线端。

3.6 数据采集系统 DAQ 简介

数据采集 (DAQ): 自动采集来自工厂、实验室和野外的传感器、仪器和设备的数据, 如电压、电流、温度、压力或声强等电信号或物理信号。数据采集系统的基本构成如图 3.27 所示。

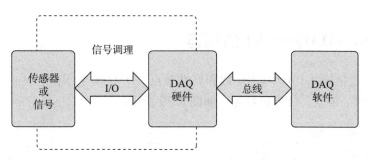

图 3.27　数据采集系统 DAQ 组成

3.6.1　数据采集系统 DAQ 组成

一、信号调理环节

信号调理环节适用于 DAQ 设备难以测量的信号。信号调理不是每时每刻都必需，而依赖于传感器或信号形式。图 3.28 所示为调理前后信号的对比。调理后的信号满足了信号采集卡对输入的要求。信号调理一般用于传感器本体、传感器和 DAQ 硬件之间的路径。

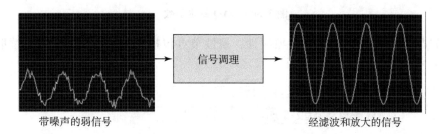

图 3.28　调理前后信号的对比

二、DAQ 硬件与软件概述

DAQ 硬件将计算机转变为一个测量与自动化系统。DAQ 软件架构如图 3.29 所示。

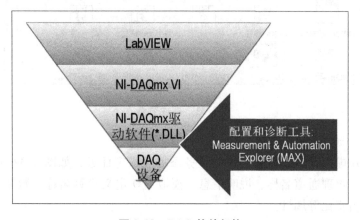

图 3.29　DAQ 软件架构

3.6.2　NI-DAQmx VI 的创建

NI-DAQmx 包括确立 DAQ 基本函数和属性节点。DAQ 基本函数包括：创建虚拟通道、读取、写入、定时、触发、任务函数等，如图 3.30 所示。

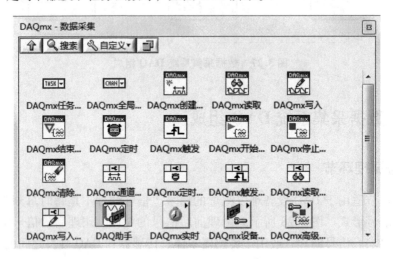

图 3.30　DAQ 基本函数

属性节点设置包括读写 VI 和对象属性，属性节点包括通道、定时、触发、读取、写入等，如图 3.31 所示。

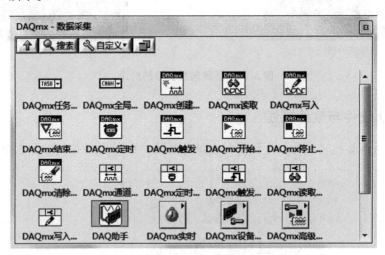

图 3.31　属性节点

1. 创建虚拟通道 VI 和通道属性节点

通过程序创建虚拟通道，将新创建的任务添加至指定任务，如图 3.32 所示。属性节点包括：通道类型、物理通道名称、说明信息、模拟 I/O 定义换算名称、数字 I/O 线的数目、计数器 I/O 脉冲占空比等属性。

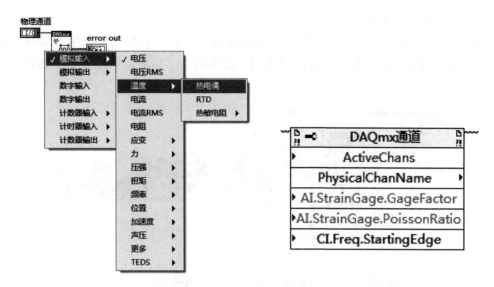

图 3.32　创建虚拟通道 VI

2. 定时 VI 和定时属性节点

定时 VI 主要配置采样定时和任务持续时间，必要时创建缓冲区，如图 3.33 所示。属性节点包含：采样模式、每通道采样、采样定时类型、采样时钟源、主时基源等更多属性。

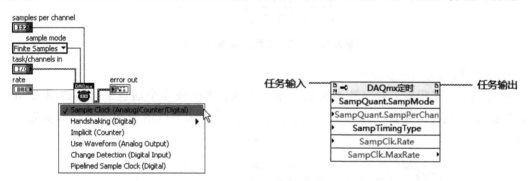

图 3.33　定时 VI 和定时属性节点

3. 触发 VI 和触发属性节点

触发 VI：配置任务开始或停止的条件为数字上升（或下降）边沿、模拟边沿或模拟窗，如图 3.34 所示。属性节点包含：开始触发类型、开始数字边沿源、每通道触发前采样、参考模拟边沿斜率等更多属性。

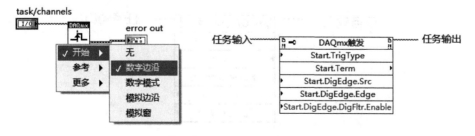

图 3.34　触发 VI 和触发属性节点

4. 读取 VI 和读取属性节点

读取 VI：用于模拟、数字、计数器和原始数据的读取，单个或多个通道采样，如图 3.35 所示。属性节点包含：偏置、待读取通道、波形属性、当前读取位置、原始数据宽度等属性。

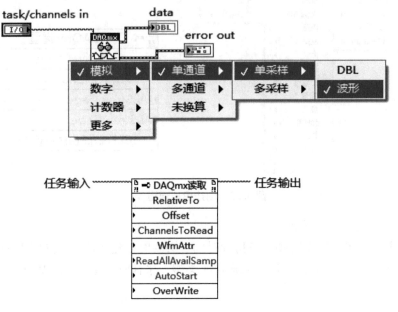

图 3.35 读取 VI 和读取属性节点

5. 写入 VI 和写入属性节点

写入 VI：用于模拟、数字和未转换数据的写入，单个或多个通道采样，如图 3.36 所示。属性节点包含：位置、偏移量、重生成模式、缓冲区中可用空间、原始数据宽度等属性。

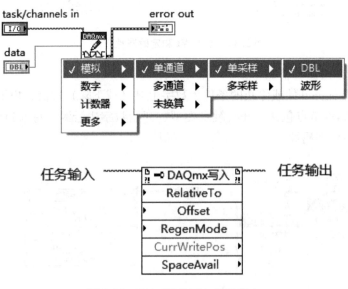

图 3.36 写入 VI 和写入属性节点

6. 开始和停止任务

DAQmx 开始任务：开始测量或生成、任务就绪并在需要时启动，如图 3.37 所示。DAQmx 停止任务：停止测量或生成，如图 3.37 所示；停止后，可重新启动任务；如无须重启，使用 DAQmx 清除 VI 停止和清除任务。

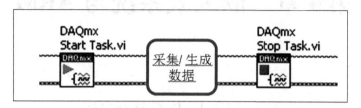

图 3.37 开始和停止任务

7. 清除任务

DAQmx 清除任务：必要时停止任务，释放任务占用的资源，如图 3.38 所示。任务结束时，使用该 VI 清除任务。

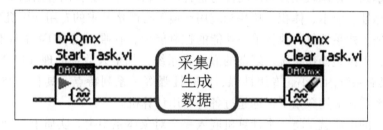

图 3.38 清除任务

第4章 嵌入式系统与ARM

4.1 嵌入式系统概述

嵌入式系统（Embedded Systems）是指"嵌入到对象体系中的，用于执行独立功能的专用计算机系统"。嵌入式系统定义为以应用为中心，以微电子技术、控制技术、计算机技术和通信技术为基础，强调软硬件的协同性与整合性，软硬件可剪裁的应用系统。嵌入式系统是对功能、可靠性、成本、体积、功耗和应用环境等有严格要求的专用计算机系统。

最简单的嵌入式系统仅有执行单一功能的控制能力，在唯一的 ROM 中仅有实现单一功能的控制程序，无微型操作系统。复杂的嵌入式系统，如个人数字助理（PDA）、手持电脑（HPC）等，具有系统内核小、专用性强、实时性强等一系列特点，具有与 PC 几乎一样的功能。嵌入式系统在应用数量上远远超过各种通用计算机。

嵌入式系统的本质就是将一个计算机嵌入一个对象体系中去。实质上与 PC 的区别仅仅是将微型操作系统与应用软件嵌入 ROM、RAM 或 Flash 存储器中，而不是存储于磁盘等载体中。一台通用计算机的外部设备中就包含 5~10 个嵌入式微处理器。键盘、硬盘、显示器、打印机、扫描仪等，均是由嵌入式处理器进行控制的。目前，嵌入式系统已在国防、国民经济及社会生活各领域普及应用。在制造工业、过程控制、通信、仪器仪表、汽车、航空航天等方面，嵌入式系统都有用武之地。

从广义上讲，凡是带有微处理器的专用硬件系统，都可以称为嵌入式系统，如各类单片机和 DSP 系统。这些系统在完成较为单一的专业功能时具有简洁、高效的特点，具有自己的操作系统和特定功能，但软件的能力有限。因此，推荐使用嵌入式微处理器构成独立系统，用于特定场合。嵌入式系统就是一个硬件和软件的集合体，由嵌入式处理器、外围设备、嵌入式操作系统（RTOS）和嵌入式系统应用软件组成。典型嵌入式系统硬件基本组成如图 4.1 所示，软件基本组成如图 4.2 所示。

嵌入式系统的特点：嵌入式系统与应用需求密切结合，具有很强的个性化。需要根据具体应用需求对软硬件进行裁剪，以符合应用系统的功能、成本、体积、可靠性等要求。

（1）功能专一。嵌入式系统的专用性强，硬件和软件系统的结合相当紧密。

（2）系统精简。总体上，嵌入式系统没有明显地区分应用软件和系统软件，有利于控制系统成本，也利于实现系统安全。

（3）系统内核小。嵌入式系统在小型电子装置中的应用较为普遍。与传统的操作系统内核相比要小得多。当前，嵌入式系统的内核通常是一个只有几千字节到几万字节的微内核。在实际的使用过程中，根据需要进行功能扩充或者删减。

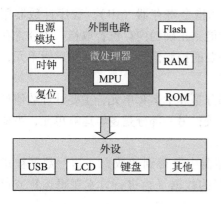

图 4.1　嵌入式系统硬件基本组成　　　图 4.2　嵌入式系统软件基本组成

（4）嵌入式软件开发需使用多任务的操作系统。为保证程序执行的实时性、可靠性，并减少开发时间，用户需要自行选择匹配 RTOS（Real-Time Operating System）开发平台。

（5）较长的生命周期。嵌入式系统与产品的具体应用有机集成于一体，更新与换代可以同步进行。

4.2　嵌入式微处理器

4.2.1　嵌入式微处理器简介

嵌入式微处理器（Embedded Micro Processor Unit，EMPU）是嵌入式系统的核心，通常由控制单元、算术逻辑单元和寄存器三大部分组成，是控制、辅助系统运行的硬件单元，由通用计算机中的 CPU 演变而来。在实际嵌入式应用中，嵌入式微处理器只保留与嵌入式应用紧密相关的功能硬件，去除其他冗余部分，配上必要的扩展外围电路，如存储器的扩展电路、I/O 的扩展电路和一些专用的接口电路等。这样，可以以最低功耗和资源满足嵌入式应用的特殊要求。处理器内部具有精确的振荡电路、丰富的定时器资源，从而具有较强的实时处理能力。

嵌入式微处理器虽然在功能上与标准微处理器基本相同，但一般在工作温度、抗电磁干扰、可靠性等方面都做了各种增强。与工业控制计算机相比，嵌入式微处理器具有体积小、质量小、成本低、可靠性高等优点。目前，市面上有 1 000 多种嵌入式处理器芯片。其中，使用最为广泛的有 ARM、MIPS、PowerPC、MC68000 等。流行的体系结构包括 MCU、MPU 等 30 多个系列，其速度越来越快，性能越来越强，价格也越来越低。本书主要介绍 ARM 处理器。

一、嵌入式处理器的基本结构

控制单元：主要负责取指、译码和取操作数等基本动作，并发送主要的控制指令。控制单元中包括两个重要的寄存器：程序计数器（PC）和指令寄存器（IR）。程序计数器用于记录下一条程序指令在内存中的位置，以便控制单元能到正确的内存位置取指；指令寄存器负责存放被控制单元所取的指令，通过译码，产生必要的控制信号，送到算术逻辑单元，进行相关的数据处理工作。

算术逻辑单元：算术逻辑单元分为两部分，一部分是算术运算单元，主要处理数值型的数据，进行数学运算，如加、减、乘、除或数值的比较；另一部分是逻辑运算单元，主要处理逻辑运算工作，如 AND、OR、XOR 或 NOT 等运算。

寄存器：用于存储暂时性的数据，主要是从存储器中所得到的数据（这些数据被送到算术逻辑单元中进行处理）和算术逻辑单元中处理好的数据（再进行算术逻辑运算或存入存储器中）。

二、嵌入式微处理器一般特点

（1）嵌入式微处理器在设计中需要考虑低功耗，以满足靠电池工作的便携式和无线应用中的低功耗要求。

（2）采用可扩展的处理器结构，以方便对应用的扩展。

（3）具有很强的存储区保护功能。

（4）提供丰富的调试功能。嵌入式系统的开发很多都是在交叉调试中进行，丰富的调试接口会更便于对嵌入式系统的开发。

（5）对实时多任务具有很强的支持能力。

4.2.2 ARM 处理器

一、ARM 简介

ARM 是 Advanced RISC Machines 的缩写，是微处理器行业的一家知名企业。该企业设计了大量性能高、价廉、耗能低的 RISC（精简指令集）处理器。ARM 处理器应用广泛，具有体积小、功耗低、成本低，而性能高、16/32 位双指令集等特点。公司的特点是只设计芯片，不生产。它将技术授权给世界上许多著名的半导体、软件和 OEM 厂商，并提供服务，具有全球众多的合作伙伴。

二、ARM 体系结构特性

ARM 处理器为 RISC 芯片，其简单的结构使 ARM 内核非常小，这使得器件的功耗也非常低。它具有经典 RISC 的特点：

（1）每条数据处理指令都对算术逻辑单元和移位器控制，以实现 ALU 和移位器的最大利用。

（2）地址自动增加和减少寻址模式，优化程序循环。

（3）多寄存器装载和存储指令实现最大数据吞吐量。

（4）所有指令的条件执行，实现最快速的代码执行。

ARM 公司开发了很多系列的 ARM 处理器核，目前应用比较广泛的系列是 ARM7、

ARM9、ARM11，等等。本书主要应用 ARM7 和 ARM9 来完成课程实验。

三、ARM7 处理器简介

ARM7 系列包括 ARM7TDMI、ARM7TDMI－S、带有高速缓存处理器宏单元的 ARM720T 和扩充了 Jazeller 的 ARM7EJ－S。该系列处理器提供 Thumb 16 位压缩指令集和 EmbededICE 软件调试方式，适用于更大规模的 SOC 设计中。ARM7 系列广泛应用于多媒体和嵌入式设备，包括 Internet 设备、网络和调制解调器设备，以及移动电话、PDA 等无线设备。

四、ARM 处理器的特点

（1）体积小、功耗低、成本低、性能高；16/32 位双指令集；全球众多的合作伙伴。
（2）当前 ARM 体系结构的扩充包括：
Thumb：16 位指令集，用以改善代码密度；DSP：用于 DSP 应用的算术运算指令集；Jazeller：允许直接执行 Java 代码的扩充。

4.3 嵌入式操作系统

一、操作系统的概念和分类

1. 操作系统的概念

操作系统（Operation System，OS）是一组计算机程序的集合，用来有效控制和管理计算机的硬件和软件资源，并为用户提供方便的应用接口。为应用软件提供运行环境，为程序开发者提供功能强、使用方便的开发环境。

从资源管理的角度，操作系统主要包含以下功能：

（1）处理器管理。对处理器进行分配，并对其运行进行有效的控制和管理。在多任务环境下，合理分配任务共享的处理器，使 CPU 能满足各程序运行的需要。处理器的分配和运行，都是以进程为基本单位进行的。因此，对处理器的管理，可以归结为对进程的管理。

（2）存储器管理。存储器管理的主要任务是为多道程序的运行提供良好的环境。存储器管理包括内存分配、内存保护、地址映射、内存扩充。例如，为每道程序分配必要的内存空间，使它们各得其所，且不致因互相重叠而丢失信息；不因某个程序出现异常而破坏其他程序的运行；方便用户使用存储器，并能从逻辑上扩充内存等。

（3）设备管理。完成用户提出的设备请求，为用户分配 I/O 设备；提高 CPU 和 I/O 的利用率；提高 I/O 速度，方便用户使用 I/O 设备。设备管理包括缓冲管理、设备分配、设备处理、形成虚拟逻辑设备等。

（4）文件管理。文件管理的主要任务就是对系统文件和用户文件进行管理，方便用户的使用，保证文件的安全性。文件管理包括对文件存储空间的管理、目录管理、文件的读/写管理，以及文件的共享与保护等。

（5）用户接口。用户与操作系统的接口是用户能方便地使用操作系统的关键。用户可以用命令形式（例如 DOS 命令）、系统调用（例如 DOS 功能调用）形式与系统打交道。图形用户接口（GUI）是用非常容易识别的图标将系统的各种功能、各种应用程序和文件直观地表示出来，用户可以通过鼠标来取得操作系统的服务。

2. 操作系统的分类

按程序运行调度的方法，可以将计算机操作系统分为以下几种类型：

（1）顺序执行系统。系统内只含一个运行程序，它独占 CPU 时间，按语句顺序执行该程序，直至执行完毕，另一程序才能启动运行。DOS 操作系统就属于这种系统。

（2）分时操作系统。系统内同时可有多道程序运行。所谓同时，只是从宏观上来看，实际上系统把 CPU 的时间按顺序分成若干时间片，每个时间片内执行不同的程序。这类系统支持多用户，广泛用于商业、金融领域。UNIX 操作系统即属于这种系统。

（3）实时操作系统。系统内同时有多道程序运行，每道程序各有不同的优先级，操作系统按事件触发使程序运行。当多个事件发生时，系统按优先级高低来确定哪道程序在此时此刻占有 CPU，以保证优先级高的事件、实时信息及时被采集。实时操作系统是操作系统的一个分支，也是最复杂的一个分支。

二、嵌入式操作系统

1. 嵌入式操作系统的特点和组成

嵌入式操作系统可以使嵌入式开发更方便、快捷。其软件模块的集合，用以管理存储器分配、中断处理、任务间通信和定时器响应，以及提供多任务处理等。嵌入式操作系统的引入大大提高了嵌入式系统的功能，方便了应用软件的设计，同时也占用了宝贵的嵌入式系统资源。一般在比较大型或需要多任务的应用场合才考虑使用嵌入式操作系统。嵌入式操作系统的主要特点：体积小、实时性以及特殊的开发调试环境。

从应用的角度，嵌入式操作系统可以分为面向通信设备的嵌入式操作系统、面向汽车电子的嵌入式操作系统和面向工业控制的嵌入式操作系统，等等。

从实时性的角度，嵌入式操作系统可以分为具有强实时特点的嵌入式操作系统、具有弱实时特点的嵌入式操作系统和没有实时特点的嵌入式操作系统。

嵌入式操作系统基本组成如图 4.3 所示。

2. 嵌入式操作系统的功能

（1）提供强大的网络服务。针对外部联网要求，嵌入设备必须配有通信接口，相应需要 TCP/IP 协议簇软件支持；新一代嵌入式设备还需具备 IEEE1394、USB、CAN、Bluetooth 或 IrDA 通信接口；同时也需要提供相应的通信组网协议软件和物理层驱动软件。

（2）小型化、低成本、低功耗。为满足这种特性，要求嵌入式产品设计者相应降低处理器的性能，限制内存容量和复用接口芯片。这就提高了对嵌入式软件设计技术要求，如选用最佳的编程模型和不断改进算法，等等。因此，既需要软件人员具有丰富的开发经验，也需要发展先进的嵌入式软件技术，如 Java、Web 和 WAP 等。

（3）人性化的人机界面。亿万用户之所以乐于接受嵌入式设备，其重要因素之一是它们与使用者之间的亲和力。它具有自然的人机交互界面，人们与信息终端交互要求以 GUI 屏幕为中心的多媒体界面。

（4）完善的开发平台。随着互联网技术的成熟，ICP 和 ASP 在网上提供的信息内容日趋丰富，应用项目多种多样，为了满足应用功能的升级，设计者一方面采用更强大的嵌入式

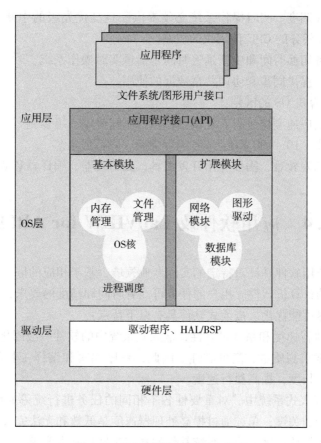

图 4.3　嵌入式操作系统基本组成

处理器，如 32 位、64 位 RISC 芯片或数字信号处理器（DSP）增强处理能力；同时还采用实时多任务编程技术和交叉开发工具技术来控制功能复杂性，简化应用程序设计，保障软件质量和缩短开发周期。

3. 实时操作系统的内核

实时操作系统（RTOS）是操作系统的一个分支，也是最复杂的一个分支，是实时系统在启动之后运行的一段背景程序。实时操作系统是具有实时性，且能支持实时控制系统工作的操作系统。其重要特点是能满足对时间的限制和要求。从性能上讲，实时操作系统与普通操作系统存在的区别主要体现在"实时"二字上。在实时计算中，系统的正确性不仅依赖于计算的逻辑结果，而且依赖于结果产生的时间。

实时操作系统根据各个任务的要求，进行资源管理、消息管理、任务调度和异常处理等工作。在实时操作系统支持的系统中，每个任务都具有不同的优先级别，它将根据各个任务的优先级来动态地切换各个任务，以保证对实时性的要求。在任何时刻，实时操作系统总是保证优先级最高的任务占用 CPU。这主要由实时操作系统内部的事件驱动方式及任务调度来决定。

IEEE 的 UNIX 委员会规定了实时操作系统必须具备的特点：

（1）支持异步事件的响应。要求具有中断和随机事件的处理能力。

（2）中断和调度任务的优先级机制。

(3) 支持抢占式调度。实时操作系统必须提供一旦高优先级的中断或任务准备好，就能马上抢占低优先级任务的 CPU 使用权的机制。

(4) 确定的任务切换时间和中断延迟时间是衡量实时操作系统实时性的重要标准。

(5) 支持同步。提供同步和协调共享数据的使用。

RTOS 与通用计算机 OS 的区别：

(1) 实时性；响应速度快，只有几微秒；执行时间确定，可预测。

(2) 代码尺寸小，10~100 KB，节省内存空间，降低成本。

(3) 应用程序开发较难，需要专用开发工具，如仿真器、编译器和调试器等。

4.4　应用软件及 LabVIEW for ARM

嵌入式系统的应用软件是针对特定的实际专业领域，基于相应的嵌入式硬件平台，并能完成用户预期任务的计算机软件。用户的任务可能有时间和精度的要求，应尽可能减少应用软件的资源消耗，尽可能优化。嵌入式软件具有以下特点：

(1) 为了提高执行速度和系统可靠性，嵌入式系统中的软件一般固化在存储器中。

(2) 软件代码要求高质量、高可靠性。因此，程序编写和编译工具的质量要高，以减少程序二进制代码的长度，提高执行速度。

(3) 在多任务嵌入式系统中，对重要性各不相同的任务进行统筹兼顾的合理调度是保证每个任务及时执行的关键，单纯通过提高处理器速度是低效和无法完成的。这种任务调度只能由优化编写的系统软件来完成。系统软件的高实时性是基本要求。

(4) 随着嵌入式应用的深入和普及，涉及的实际应用环境越来越复杂，嵌入式软件也越来越复杂。支持多任务的实时操作系统成为嵌入式软件必需的系统软件。

LabVIEW for ARM 嵌入式开发模块，是针对 ARM 微控制器的一个完整的图形化开发环境，由 NI 联合 Keil 公司开发而成，用于连接 LabVIEW 软件到各种支持 RTX 内核的 ARM 微控制器，实现了一个完善的解决方案。这个模块建立在 NI LabVIEW 嵌入式技术之上，让嵌入式系统开发移植到大家熟悉的数据流图形环境，包含数以百计的分析和信号处理函数，集成 I/O，以及交互式调试接口。使用 ARM 嵌入式模块，能使用 JTAG、串口或者 TCP/IP 口在前面板查看数值更新。这个模块包含 LabVIEW C 代码产生器，并将编写的程序框图转化为 C 代码。

本书后面的实验，就是利用图形化的 LabVIEW 编程语言对 ARM 嵌入式控制器进行程序设计和控制的。使用这个工具对 ARM 芯片开发，可投入较少费用，并可较快完成开发任务。

4.5　嵌入式技术的发展现状及趋势

一、嵌入式系统的发展现状

从 20 世纪 70 年代嵌入式系统问世以来，先后经历了从单片机到嵌入式 CPU 再到嵌入式操作系统几大发展阶段。进入 21 世纪，随着网络、通信、多媒体技术的不断进步，在信息化、智能化、网络化发展的推动下，嵌入式系统也已进入一个高速发展的全新时代——基于 Internet 为标志的嵌入式操作系统时代。嵌入式系统已成为继 PC 和 Internet 之后，IT 界新的技术热点。

个人领域中，嵌入式产品以个人商用为主，主要应用于个人移动的数据分析与处理、通信和消费产品软件。例如，智能手机、数字网络机顶盒、数字平板电视等产品，均是采用了基于 Internet 技术的嵌入式系统来操作使用；在商业领域中，嵌入式系统更是延伸到消费电子、自动控制、汽车智能化、电力系统管理等各大领域，嵌入式系统发展已经全面开花。随着工业化进程的发展，集成电路和新型元器件生产工艺与技术在产业中不断进步，64 位以上芯片级的嵌入式技术的开发更是给嵌入式操作系统以强大的硬件支持。现在不但有各大公司的微处理器芯片，还有配套学习和研发使用的各种开发包，可以实现各种功能。软件方面，嵌入式实时操作系统也日渐成熟。嵌入式已然成为整个软件业的重要发展支柱，并且形成了一个充满无限商机的庞大产业。

嵌入式行业正以其应用领域广、人才需求大、就业薪酬高、行业前景好等众多优势，获得越来越多应用开发人员的关注及青睐，使得无数研发工程师转而投入嵌入式这一行业。

二、嵌入式系统的发展前景

嵌入式系统的市场是巨大的，嵌入式系统的应用无处不在，如移动通信、数字办公、家电应用、交通运输、互动娱乐等都有它的踪影。体积小、可靠性高、功能强、灵活方便等嵌入控制器独有的特点与优势，使其被广泛运用到教育、国防、工农业、科学研究以及日常生活等各个领域，对各行各业的技术进步、自动化发展、产品更换、提高生产率等方面起到了十分重要的促进作用。全面信息化时代及数字智能化时代使得嵌入式产品的发展获得了巨大的契机，为嵌入式市场呈现了繁荣的发展前景。同时，也对各个嵌入式厂商提出了新的要求及挑战。从中可以看出嵌入式系统未来的几大发展趋势：

（1）系统化，就是从前期的硬件生产到应用系统开发，直至后期的软硬件维护升级一条龙生产，将嵌入式开发塑造成一项系统工程。

（2）网络化，随着因特网技术的成熟，未来的嵌入式设备为了满足网络发展的需求，不仅要求在硬件上提供相关的网络通信接口，还需要在软件上嵌入更多更加通用的命令程序以及各类通信协议。

（3）精简化，随着设备的功能越来越先进、结构越来越复杂、内嵌程序命令越来越多，必须要求嵌入式系统能够尽最大可能地提炼、简化系统内核及程序算法，以便降低软硬件的能量消耗与成本。未来的嵌入式产品将是软硬件密切结合的设备，选用最佳的程序算法和编程模式，使用最少的资源实现最理想的功能，来优化系统性能。

（4）人性化，嵌入式系统的发展必须依仗嵌入式设备的推广，而用户对设备系统的使用体验是关键。因此提供友好的多媒体人机界面、更加智能化的应用系统，使用户不需要嵌入式的知识就能快速、便捷地掌握嵌入式产品的使用方法，是未来嵌入式系统开发的方向之一。

（5）开放化，目前越来越多的嵌入式产品采用开源嵌入式操作系统，它使得嵌入式产品更加开放、操作自由、应用广泛、兼容性高，也更容易让嵌入式系统得到推广并不断得到完善。

第5章 检测技术基础实验

5.1 典型测控电路实验

5.1.1 移相器实验

一、实验目的

了解运算放大器构成的移相电路的原理及工作情况,为交流电桥实验做准备。

二、实验原理

图 5.1 所示为移相器电路原理。图中,IC_1、R_1、R_2、R_3、C_1 构成一阶移相器(超前),在 $R_2 = R_1$ 的条件下,可证明其幅频特性和相频特性分别表示为

$$K_{F1}(j\omega) = V_i/V_1 = -(1 - j\omega R_2 C_1)/(1 + j\omega R_2 C_1) \tag{5.1}$$

$$K_{F1}(\omega) = 1 \tag{5.2}$$

$$\emptyset_{F1}(\omega) = -\pi - 2\tan^{-1}(\omega R_2 C_1) \tag{5.3}$$

式中,$\omega = 2\pi f$,f 为输入信号频率。同理由 IC_2、R_4、R_5、R_{w1}、C_3 构成另一个一阶移相器(滞后),在 $R_4 = R_5$ 条件下的特性为

$$K_{F2}(j\omega) = V_o/V_1 = -(1 - j\omega R_{w1} C_3)/(1 + j\omega R_{w1} C_3) \tag{5.4}$$

$$K_{F2}(\omega) = 1 \tag{5.5}$$

$$\emptyset_{F2}(\omega) = -\pi - 2\tan^{-1}(\omega R_{w1} C_3) \tag{5.6}$$

由此可见,根据幅频特性公式,移相前后的信号幅值相等。根据相频特性公式,相移角度的大小与信号频率 f 及电路中阻容元件的数值有关。显然,当移相电位器 $R_{W1} = 0$ 时,式(5.6)中 $\emptyset_{F2} = 0$,因此 $\emptyset_{F1}$ 决定了图 5.1 所示的二阶移相器的初始移相角:

$$\emptyset_F = \emptyset_{F1} = -\pi - 2\tan^{-1}(2\pi f R_2 C_1) \tag{5.7}$$

若调整移相电位器 R_{W1},则相应的移相范围为

$$\Delta\emptyset_F = \emptyset_{F1} - \emptyset_{F2} = -2\tan^{-1}(2\pi f R_2 C_1) + 2\tan^{-1}(2\pi f \Delta R_{w1} C_3) \tag{5.8}$$

已知 $R_2 = 10 \text{ k}\Omega$,$C_1 = 6\,800 \text{ pF}$,$\Delta R_{w1} = 10 \text{ k}\Omega$,$C_3 = 0.22 \text{ MF}$,输入信号频率 f 一旦确定,即可计算出图 5.1 所示的二阶移相器的初始移相角和移相范围。

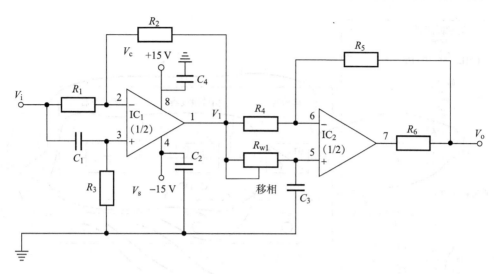

图 5.1　移相器电路原理

实际应用中，IC_1 与 C_1、R_3 组成有源微分网络，IC_2 与 R_{w1}、C_3 组成有源积分网络。当输入正弦交流信号时，IC_1 输出一超前相位信号，IC_2 输出一滞后相位信号，通过调节 R_{w1} 可使输出信号与输入信号相位发生变化。

三、实验仪器、设备

移相/检波/低通模块、音频振荡器、双线（双踪）示波器。

四、实验步骤

（1）了解移相器的电路原理，按图 5.2 接线，将音频振荡器的信号引入移相器的输入端（音频信号从 0°、180°插口输出均可）。移相器的输入端接示波器通道 CH1，输出端接示波器通道 CH2。

（2）测量当音频振荡器频率为 5 kHz，幅度置 $V_{p-p}=5$ V 时，移相器的变化情况。

①将音频振荡器输出端与主控箱频率表连接，调节音频振荡器的频率旋钮，使频率表显示频率为 5 kHz。将示波器设置为"测量"模式，调节音频振荡器的幅值旋钮，使示波器通道 CH1 中信号峰－峰值为 5 V。

②调节移相器模板上的旋钮，使示波器通道 CH1 与 CH2 的波形重合。

③调节移相器模板上的旋钮，使示波器通道 CH2 的波形向左移动，直到无法移动为止，利用示波器游标，读出 CH1 与 CH2 波形的时间差 t_1，根据音频振荡器频率计算出信号左移最大角度，并记录此时通道 CH1 与 CH2 的波形。

④重复步骤②。调节移相器模板上的旋钮，使示波器通道 CH2 的波形向右移动，直到无法移动为止，利用示波器游标，读出 CH1 与 CH2 波形的时间差 t_2，根据音频振荡器频率计算出信号右移最大角度，并记录此时通道 CH1 与 CH2 的波形。

（3）改变音频振荡器的频率分别为 2 kHz、4 kHz、7 kHz、10 kHz，幅度置 $V_{p-p}=5$ V，重复步骤（2）。

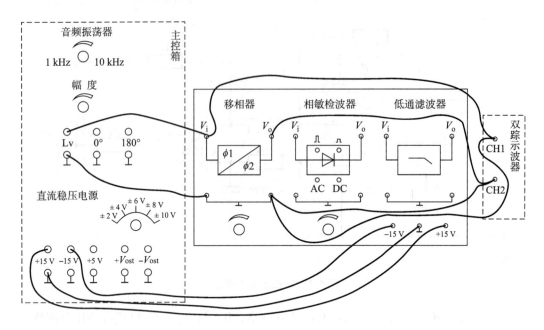

图 5.2　移相器实验接线图

五、思考题

（1）比较多种频率下的移相器输入与输出波形关系及各自的最大移相范围，并得出结论。

（2）根据电路原理图，分析本移相器的工作原理，并解释所观察到的现象。

（3）如果将双线示波器改为单线示波器，两路信号分别从 Y 轴和 X 轴送入，根据李沙育图形是否可完成此实验？

六、注意事项

（1）本仪器中音频信号是由函数发生器产生的，所以通过移相器后波形局部有些畸变，这不是仪器故障，不影响实验效果。

（2）正确选示波器中的"触发"形式，以保证双踪示波器能看到波形的变化。（注：此时示波器触发方式选为通道 CH1 上升沿自动触发。）

（3）按下示波器面板上的"游标"按钮，示波器屏幕出现光标测量界面。

（4）按下示波器面板上的"F1"按钮，可切换选择测量类型。如需测量横坐标，应选择"时间"类型；如需测量纵坐标，应选择"电压"类型。

（5）按下示波器面板上的"F2"按钮，可切换选择测量信源（通道 CH1 或 CH2）。根据测量对象，选择正确的信源。

（6）完成（2）、（3）后，示波器屏幕上会出现两条细线，即光标（测量类型为"时间"，则光标为垂直方向；测量类型为"电压"，则光标为水平方向）。调整示波器面板上光标 1 和光标 2 的"垂直旋钮"，可分别调整游标位置。

（7）按照（4），将两个游标调整到正确的测量位置，此时示波器屏幕上会显示光标 1、光标 2 的位置，以及两光标间的增量。

5.1.2 相敏检波器实验

一、实验目的

了解相敏检波器的原理和工作情况，为交流全桥实验做准备。

二、实验原理

相敏检波器电路原理如图 5.3 所示。电路中各元器件的作用：C_1 交流耦合电容并隔离直流；IC_1 反相过零比较器，将参考电压正弦波转换成矩形波（开关波 $+14 \sim -14$ V）；VD_1 二极管箝位得到合适的开关波形 $V_7 \leqslant 0$ $(0 \sim -14$ V$)$；Q_1 是结型场效应管，工作在开、关状态；IC_2 工作在倒相器、跟随器状态；R_6 限流电阻起保护集成块作用。

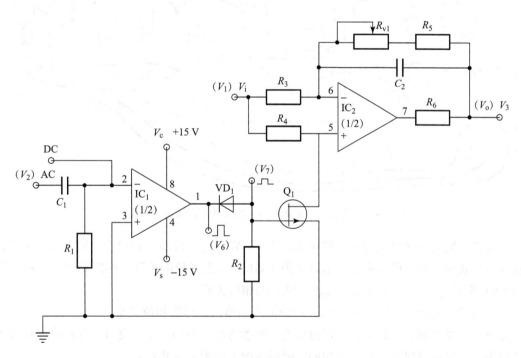

图 5.3 相敏检波器电路原理

关键点：Q_1 是由参考电压 V_7 矩形波控制的开关电路。当 $V_7 = 0$ 时，Q_1 导通，使 IC_2 同相输入 5 端接地成为倒相器，即 $V_3 = -V_1$；当 $V_7 < 0$ 时，Q_1 截止（相当于断开），IC_2 成为跟随器，即 $V_3 = V_1$。相敏检波器具有鉴相特性，输出波形 V_3 的变化由检波信号 V_1 与参考电压波形 V_2 之间的相位决定。

三、实验仪器、设备

相敏检波器、移相器、音频振荡器、双踪示波器、直流稳压电源、低通滤波器。

四、实验步骤

（1）了解相敏检波器的电路原理。

（2）测量当输入参考信号为直流信号时，输入波形与输出波形的相位关系。（注：此时示波器触发方式选为通道 CH1 上升沿自动触发。）

①根据图 5.4 的电路接线，将音频振荡器的信号 0°输出端接至相敏检波器输入端 V_i，把直流稳压电源 +2 V 输出接至相敏检波器的参考输入端 DC，相敏检波器的输入端 V_i 接示波器通道 CH1，输出端 V_o 接示波器通道 CH2 组成一个测量线路。

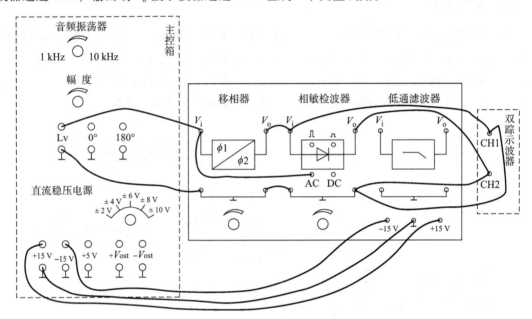

图 5.4　参考信号为直流信号时相敏检波器实验接线图

②将音频振荡器输出端与主控箱频率表连接，调整好示波器，开启主控箱电源，调节音频振荡器的频率旋钮，使频率表显示频率为 4 kHz。调整音频振荡器的幅度旋钮，使示波器通道 CH1 的 V_{p-p} = 4 V，记录输入和输出波形的相位关系。

③改变参考电压的极性（-2 V），记录输入和输出波形的相位关系。

分析②、③步骤实验结果，并得出结论，当参考电压分别为正、负时，分析输入和输出的相位关系。哪种情况下波形完全相同？哪种情况下波形完全相反？

（3）测量当输入参考信号为交流信号时，输入波形与输出波形的幅值和相位关系。

①测量当参考信号为 0°时，输入波形与输出波形的幅值和相位关系。

a. 根据图 5.5 接线，将音频振荡器信号从 0°输出端接至相敏检波器的输入端①，并同时接入相敏检波器的参考输入端②，相敏检波器的输入端①接示波器通道 CH1，输出端③接示波器通道 CH2。将相敏检波器输出端③同时与低通滤波器的输入端连接起来，将低通滤波器的输出端与直流电压表连接（电压表置 20 V 挡）。

b. 开启主控箱电源，观测频率表，调整音频振荡器频率为 4 kHz；观测示波器，调整音频振荡器的输出幅度（V_{p-p}）为 0.5 V。观察相敏检波器输入端与输出端的波形关系以及低

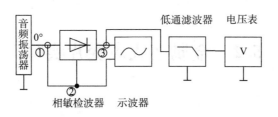

图 5.5　参考信号为交流信号时相敏检波器电路

通滤波器输出端的波形，并调整相敏检波器上电位器旋钮，使得波形高度相同，记录示波器输入与输出端的波形。

c. 不断调整音频振荡器的输出幅度（V_{p-p}），记录电压表的读数，填入表 5.1。

表 5.1　当参考电压为 0°时音频振荡器的幅值与低通滤波器输出电压关系

V_{p-p}/V	0.5	1	2	3	4	8	16
V_o/V							

d. 用示波器比较相敏检波器①、③端的波形，分析当输入信号①与参考信号②同相时，示波器输入与输出端的波形关系。调整相敏检波器上电位器旋钮时，波形如何变化？低通滤波器输出电压与音频振荡器的幅值之间的关系是怎样的？并作出输入与输出关系曲线。

②测量当参考信号为 180°时，输入波形与输出波形的幅值和相位关系。

关闭电源，只需要将步骤①中相敏检波器的参考输入端②改变为接入音频振荡器 180°端输出，其他连线方式与步骤①中相同，重复 b、c、d 步骤，填表 5.2。

表 5.2　当参考电压为 180°时音频振荡器的幅值与低通滤波器输出电压关系

V_{p-p}/V	0.5	1	2	3	4	8	16
V_o/V							

③分析一下，当相敏检波器的输入信号与参考端信号相位同相和反相时，波形有何变化。为什么会产生上面的波形？分析低通滤波器输出电压极性与参考信号的相位关系。

五、思考题

（1）根据实验结果，分析相敏检波器的作用。移相器在实验线路中的作用是什么？

（2）电压表的读数什么时候达到最大值？

（3）通过移相器、相敏检波器的实验是否对二者的工作原理有了更深入的理解？作出相敏检波器的工作时序波形，理解相敏检波器能否同时具有鉴幅、鉴相特性。

六、注意事项

（1）本仪器中音频信号是由函数发生器产生的，所以通过移相器后波形局部有些畸变，这不是仪器故障，不影响实验效果。

（2）正确选择示波器中的"触发"形式，以保证双踪示波器能看到波形的变化。（注：此时示波器触发方式选为通道 CH1 上升沿自动触发。）

5.2 金属箔式应变片实验

一、实验目的

(1) 了解金属箔式应变片的工作原理与应用,并掌握应变片测量电路。
(2) 比较单臂、半桥、全桥输出的灵敏度和非线性度。
(3) 了解温度对应变测试系统的影响以及补偿方法。
(4) 掌握应变片在工程测试中的典型应用。

二、实验原理

电阻应变式传感器是一种利用电阻材料的应变效应将工程结构件的内部变形转换为电阻变化的传感器。此类传感器主要是通过一定的机械装置将被测量转化成弹性元件的变形,然后由电阻应变片将弹性元件的变形转换成电阻的变化,再通过测量电路将电阻的变化转换成电压或电流变化信号输出。它可用于能转化成变形的各种非电物理量的检测,如力、压力、加速度、力矩、质量等,在机械加工、计量、建筑测量等行业应用十分广泛。

1. 应变片的电阻应变效应

具有规则外形的金属导体或半导体材料在外力作用下产生应变,而其电阻值也会产生相应的改变,这一物理现象称为"电阻应变效应"。以圆柱形导体为例,设其长为 L、截面半径为 r,材料的电阻率为 ρ 时,根据电阻的定义式得

$$R = \rho \frac{L}{A} = \rho \frac{L}{\pi r^2} \tag{5.9}$$

当导体因某种原因产生应变时,其长度 L、截面积 A 和电阻率 ρ 的变化为 dL、dA、$d\rho$,相应的电阻变化为 dR。对式(5.9)全微分得电阻变化率 dR/R 为

$$\frac{dR}{R} = \frac{dL}{L} - 2\frac{dr}{r} + \frac{d\rho}{\rho} \tag{5.10}$$

式中,dL/L 为导体的轴向应变量 ε_L;dr/r 为导体的横向应变量 ε_r。由材料力学得

$$\varepsilon_L = -\frac{\varepsilon_r}{\mu} \tag{5.11}$$

式中,μ 为材料的泊松比,大多数金属材料的泊松比为 0.3~0.5;负号表示两者的变化方向相反。

将式(5.11)代入式(5.10)得

$$\frac{dR}{R} = (1 + 2\mu)\varepsilon_L + \frac{d\rho}{\rho} \tag{5.12}$$

式(5.12)说明,电阻应变效应主要取决于它的几何应变(几何效应)和本身特有的导电性能(压阻效应)。

2. 应变灵敏度

应变灵敏度是指电阻应变片在单位应变作用下所产生的电阻的相对变化量。

(1) 金属导体的应变灵敏度 K:主要取决于其几何效应,可取

$$\frac{\mathrm{d}R}{R} \approx (1 + 2\mu)\varepsilon_L \tag{5.13}$$

其灵敏度系数为

$$K = \frac{\mathrm{d}R}{\varepsilon_L R} = 1 + 2\mu \tag{5.14}$$

金属导体在受到应变作用时将产生电阻的变化，拉伸时电阻增大，压缩时电阻减小，且与其轴向应变成正比。金属导体的电阻应变灵敏度一般在 2 左右。

（2）半导体的应变灵敏度：主要取决于其压阻效应，$\mathrm{d}R/R \ll \mathrm{d}\rho/\rho$。半导体材料之所以具有较大的电阻变化率，是因为它有远比金属导体显著得多的压阻效应。在半导体受力变形时会暂时改变晶体结构的对称性，因而改变了半导体的导电机理，使得它的电阻率发生变化，这种物理现象称为半导体的压阻效应。不同材质的半导体材料在不同受力条件下产生的压阻效应不同，可以是正的（使电阻增大）或负（使电阻减小）压阻效应。半导体材料的电阻应变效应主要体现在压阻效应，其灵敏度系数较大，一般在 100~200。

本实验中是利用金属箔式应变片实现测量的。金属箔式应变片是通过光刻、腐蚀等工艺制成的应变敏感元件，是在苯酚、环氧树脂等绝缘材料的基板上，粘贴直径为 0.025 mm 左右的金属丝或金属箔制成的，如图 5.6 所示。

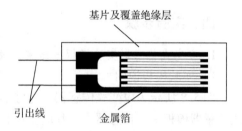

图 5.6　金属箔式应变片结构

3. 应变片测量电路

为了将电阻应变式传感器的电阻变化转换成电压或电流信号，在应用中一般采用电桥电路作为其测量电路。电桥电路具有结构简单、灵敏度高、测量范围宽、线性度好且易实现温度补偿等优点。能较好地满足各种应变测量要求，因此在应变测量中得到了广泛的应用。电桥电路按其工作方式分为单臂、双臂（半桥）和全桥三种。单臂工作输出信号最小，线性、稳定性较差；双臂输出是单臂的两倍，性能比单臂有所改善；全桥工作时的输出是单臂时的四倍，性能最好。因此，为了得到较大的输出电压信号，一般采用双臂或全桥工作。基本电路如图 5.7 所示。

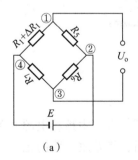 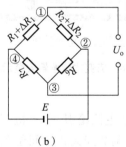

图 5.7　应变片测量电路
(a) 单臂；(b) 双臂；(c) 全桥

（1）单臂。

$$U_\mathrm{o} = U_① - U_③ = [(R_1 + \Delta R_1)/(R_1 + \Delta R_1 + R_5) - R_7/(R_7 + R_6)]E$$
$$= \{[(R_7 + R_6)(R_1 + \Delta R_1) - R_7(R_1 + \Delta R_1 + R_5)]/$$

$$[(R_1 + \Delta R_1 + R_5)(R_7 + R_6)]\} E$$

设 $R_1 = R_5 = R_6 = R_7$，且 $\Delta R_1/R_1 = \Delta R/R \ll 1$，$\Delta R/R = K\varepsilon$，$K$ 为灵敏度系数，则

$$U_o \approx \frac{1}{4}(\Delta R_1/R_1)E = \frac{1}{4}(\Delta R/R)E = \frac{1}{4}K\varepsilon E \tag{5.15}$$

（2）双臂（半桥）。

同理：
$$U_o \approx \frac{1}{2}(\Delta R/R)E = \frac{1}{2}K\varepsilon E \tag{5.16}$$

（3）全桥。

同理：
$$U_o \approx (\Delta R/R)E = K\varepsilon E \tag{5.17}$$

三、实验仪器、设备

应变式传感器实验模板、应变式传感器、砝码（每只约 20 g）、数显表、±15 V 电源、±4 V 电源、万用表（自备）。

四、实验步骤

1. 应变式传感器实验模板电路调试及说明

1）实验模板说明

图 5.8 所示为应变式传感器（电子秤传感器）安装示意图。应变式传感器已装于应变式传感器模板上。传感器中 4 片应变片和加热电阻已连接在实验模板左上方的 R_1、R_2、R_3、R_4 和加热器上。传感器左下角应变片为 R_1，右下角为 R_4，右上角为 R_3，左上角为 R_2。当传感器托盘支点受压时，R_1、R_4 阻值减小，R_2、R_3 阻值增加，可用四位半数显万用表进行测量判别。常态时应变片阻值为 350 Ω，加热丝电阻值为 50 Ω 左右。

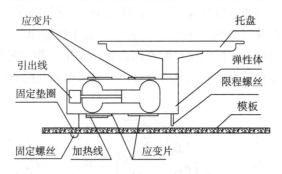

图 5.8 应变式传感器安装示意图

2）实验模板差动放大器调零

首先，接入模板电源 ±15 V（从主控箱引入），检查无误后，合上主控箱电源开关，将实验模板增益调节电位器 R_{w3} 顺时针调节到大致中间位置；然后，将差放电路的正、负输入端与地短接，输出端与主控箱面板上数显电压表输入端 V_i 相连，调节实验模板上调零电位器 R_{w4}，使数显表显示为零（数显表的切换开关置于 2 V 挡），调节完毕关闭主控箱电源。

2. 应变片单臂电桥实验

1）电桥接线及调零

参考图 5.9 接入传感器，将应变式传感器的其中一个应变片 R_1（即模板左下方的 R_1）

接入电桥作为一个桥臂,它与 R_5、R_6、R_7 接成直流电桥(R_5、R_6、R_7 在模块内已连接好),接上桥路电源 ±4 V(从主控箱引入),检查接线无误后,合上主控箱电源开关,调节 R_{w1} 使数显表显示为零。

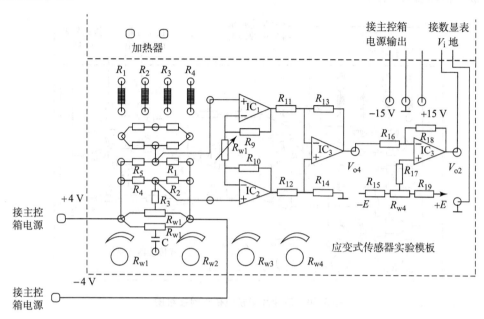

图 5.9　应变片单臂电桥实验接线图

2)单臂电桥实验

在传感器托盘上放置一只砝码,读取数显表数值,依次增加砝码并读取相应的数显表数值,再依次减少砝码重复做一次。记下实验结果,填入表 5.3 并画出实验曲线。

表 5.3　应变片单臂电桥实验数据

质量/g 逐渐增大	0	20	40	60	80	100	120	140	160	180	200
电压/mV											
质量/g 逐渐减小	0	20	40	60	80	100	120	140	160	180	200
电压/mV											

3)实验结果分析

根据表 5.3 计算系统灵敏度 S 和非线性误差 δ。$S = \Delta U / \Delta W$,式中,ΔU 为输出电压变化量,ΔW 为质量变化量。$\delta = \Delta m / Y_{FS} \times 100\%$,式中,$\Delta m$ 为输出值(多次测量时为平均值)与拟合直线的最大偏差;Y_{FS} 为满量程输出平均值,此处为 200 g(或 500 g),同时在曲线上标注出回程误差大小。实验完毕,关闭电源。

3. 应变片半桥实验

1)应变片半桥实验电路

保持实验步骤 2 的各旋钮位置不变,根据图 5.10 接线,R_1、R_2 为实验模板左方的应变片，注意 R_1 应和 R_2 受力状态相反，即桥路的邻边必须是传感器中两片受力方向相反（一片受拉，一片受压）的电阻应变片。接入桥路电源 ±4 V，调节 R_{w1}，使数显表指示为零。注意保持放大器增益 R_{w3} 不变。

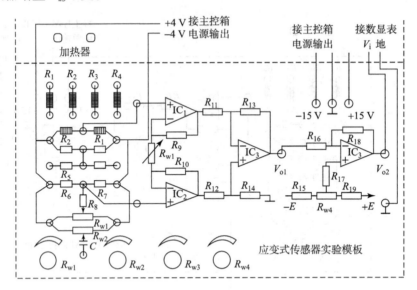

图 5.10　应变片半桥电桥实验接线图

2）应变片半桥实验

同实验 2 第 2）步，将实验数据记入表 5.4。

表 5.4　应变片半桥实验数据

质量/g 逐渐增大	0	20	40	60	80	100	120	140	160	180	200
电压/mV											
质量/g 逐渐减小	0	20	40	60	80	100	120	140	160	180	200
电压/mV											

3）实验要求

画出实验曲线，计算灵敏度 $S_2 = \Delta U/\Delta W$，非线性误差 δ 及回程误差大小。实验完毕，关闭电源。

4. 应变片全桥实验

1）应变片全桥实验电路

保持实验步骤 3 的各旋钮位置不变，根据图 5.11 接线，将 R_1、R_2、R_3、R_4 应变片接成全桥，注意受力状态不要接错，调节零位旋钮 R_{w1}，使电压表指示为零，保持放大器增益 R_{w3} 不变。

2）应变片全桥实验

同实验 2 第 2）步，逐一加上砝码，读取相应的数显表数值，再依次减少砝码重复做一次。将实验结果填入表 5.5。

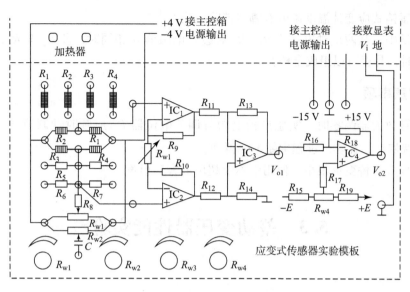

图 5.11　应变片全桥实验接线图

表 5.5　应变片全桥实验数据

质量/g 逐渐增大	0	20	40	60	80	100	120	140	160	180	200
电压/mV											
质量/g 逐渐减小	0	20	40	60	80	100	120	140	160	180	200
电压/mV											

3）实验要求

画出实验曲线；进行灵敏度和非线性误差、回程误差计算；实验完毕，关闭电源。

5. 金属箔式应变片的温度影响实验

(1) 保持实验步骤 4 实验结果。

(2) 将 200 g 砝码加于砝码盘上，在数显表上读取某一数值 U_{o1}。

(3) 将主控箱上 +5 V 直流稳压电源接于实验模板的加热器插孔，数分钟后待数显表显示基本稳定后，记下读数 U_{ot}，$U_{ot} - U_{o1}$ 即温度变化对全桥测量的影响。计算这一温度变化产生的相对误差：

$$\delta = \frac{U_{ot} - U_{o1}}{U_{o1}} \times 100\% \tag{5.18}$$

(4) 实验完毕，关闭电源。

五、思考题

(1) 半桥测量时，两片不同受力状态的应变片接入电桥时应放在对边还是邻边？为什么？

(2) 比较单臂、半桥和全桥输出时的灵敏度和非线性度，从理论上进行分析比较，阐述理由。

(3) 金属箔式应变片温度影响有哪些消除方法？

(4) 测量中，当两组对边（为 R_1、R_3 对边）电阻值 R 相同时，即 $R_1 = R_3$，$R_2 = R_4$，而 $R_1 \neq R_2$ 时，是否可以组成全桥？

六、注意事项

(1) 运算放大器调零时，实验模板上增益调节电位器 R_{w3} 应顺时针调节到大致中间位置。电位器调好后，在实验过程中就不要再动。

(2) 应变双孔桥变形很小，使用中不要超出最大变形量。

5.3 差动变压器性能实验

5.3.1 差动变压器测量位移实验

一、实验目的

了解差动变压器的工作原理和特性。

二、实验原理

差动变压器的工作基于电磁感应原理。差动变压器的结构如图 5.12（a）所示，由一个初级线圈和两个次级线圈及一个铁芯组成。根据内外层排列不同，有二段式和三段式结构，本实验采用三段式结构，由一个一次绕组 1 和两个二次绕组 2、3 及一个衔铁 4 组成。当在传感器的初级线圈上接入高频交流信号，初、次级线圈中间的铁芯随着被测体移动时，差动变压器一、二次绕组间的耦合随衔铁的移动而变化，即绕组间的互感随被测位移改变而变化，使得初级线圈和次级线圈之间的磁通量发生变化，促使两个次级线圈感应电动势产生变化，一个次级线圈感应电动势增大，另一个次级线圈感应电动势则减小，将两个次级线圈反向串接（同名端连接），在另两端就能引出差动电动势输出，其大小反映出被测体的移动

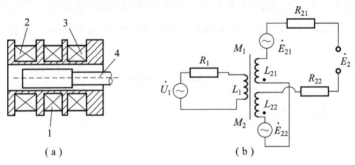

图 5.12 差动变压器的结构及等效电路

(a) 结构；(b) 等效电路

1——次绕组；2，3——二次绕组；4—衔铁

量。所以把这种传感器称为差动变压器式电感传感器,通常简称差动变压器。当差动变压器工作在理想情况下时(忽略涡流损耗、磁滞损耗和分布电容等影响),它的等效电路如图5.12(b)所示。

图 5.12(b)中,U_1 为一次绕组激励电压;M_1、M_2 分别为一次绕组与两个二次绕组间的互感;L_1、R_1 分别为一次绕组的电感和有效电阻;L_{21}、L_{22} 分别为两个二次绕组的电感;R_{21}、R_{22} 分别为两个二次绕组的有效电阻。对于差动变压器,当衔铁处于中间位置时,两个二次绕组互感相同,因而由一次侧激励引起的感应电动势相同。由于两个二次绕组反向串接,所以差动输出电动势为零。当衔铁移向二次绕组 L_{21},这时互感 M_1 大,M_2 小,因而二次绕组 L_{21} 内感应电动势大于二次绕组 L_{22} 内感应电动势,这时差动输出电动势不为零。在传感器的量程内,衔铁位移越大,差动输出电动势就越大。同理,当衔铁向二次绕组 L_{22} 一边移动时,差动输出电动势仍不为零,但由于移动方向改变,所以输出电动势反相。因此,根据差动变压器输出电动势的大小和相位,可以知道衔铁位移量的大小和方向。图 5.13 所示为差动变压器的输出特性曲线,可以看出一次绕组的电流为

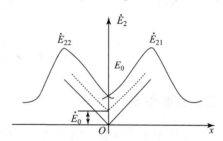

图 5.13 差动变压器的输出特性曲线

$$\dot{I}_1 = \frac{\dot{U}_1}{R_1 + j\omega L_1} \tag{5.19}$$

二次绕组的感应电动势为

$$\dot{E}_{21} = -j\omega M_1 \dot{I}_1 \quad \dot{E}_{22} = -j\omega M_2 \dot{I}_1 \tag{5.20}$$

由于二次绕组反相串接,所以输出总电动势为

$$\dot{E}_2 = -j\omega(M_1 - M_2)\frac{\dot{U}_1}{R_1 + j\omega L_1} \tag{5.21}$$

其有效值为

$$E_2 = \frac{\omega(M_1 - M_2)U_1}{\sqrt{R_1^2 + (\omega L_1)^2}} \tag{5.22}$$

图 5.13 中,E_{21}、E_{22} 分别为两个二次绕组的输出感应电动势,E_2 为差动输出电动势,x 表示衔铁偏离中心位置的距离。其中 E_2 的实线表示理想的输出特性,而虚线部分表示实际的输出特性。E_0 为零点残余电动势,这是由于差动变压器制作上的不对称以及铁芯位置等因素所造成的。

零点残余电动势的存在,使得传感器的输出特性在零点附近不灵敏,给测量带来误差。此值的大小是衡量差动变压器性能好坏的重要指标。实际中,为了减小零点残余电动势,可采取以下方法:

(1)尽可能保证传感器几何尺寸、线圈电气参数及磁路的对称。磁性材料要经过处理,消除内部的残余应力,使其性能均匀稳定。

(2)选用合适的测量电路,如采用相敏检波电路。既可判别衔铁移动方向又可改善输出特性,减小零点残余电动势。

(3) 采用补偿线路减小零点残余电动势。图 5.14 所示为典型的几种减小零点残余电动势的补偿电路。在差动变压器的线圈中串、并适当数值的电阻、电容元件,当调整 W_1、W_2 时,可使零点残余电动势减小。

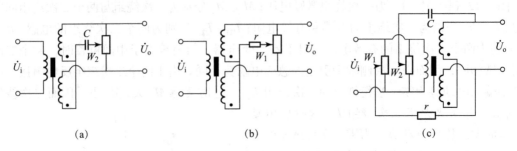

图 5.14 减小零点残余电动势补偿电路

三、实验仪器、设备

差动变压器实验模板、测微头、双踪示波器、差动变压器、音频振荡器、直流稳压电源、数字电压表。

四、实验步骤

(1) 根据图 5.15,将差动变压器装在差动变压器实验模板上。

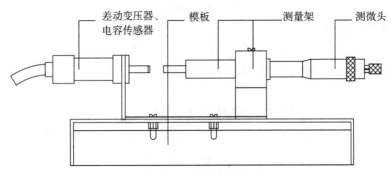

图 5.15 差动变压器安装示意图

(2) 在模块上按图 5.16 接线,音频振荡器信号从主控箱中的 Lv 端子输出,调节音频振荡器的频率旋钮,输出频率为 4~5 kHz(可用主控箱的数显频率表来监测),调节幅度旋钮使输出幅度为 V_{p-p} = 2~5 V(可用示波器监测),将差动变压器的两个次级线圈的同名端相连。

注:判别初、次级线圈及次级线圈同名端的方法如下:设任一线圈为初级线圈,并设另外两个线圈的任一端为同名端,按图 5.16 接线。当铁芯左右移动时,分别观察示波器中显示的初、次级线圈波形,当次级线圈波形输出幅值变化很大,基本上能过零点,而且相位与初级线圈波形比较能同相和反相变化,说明已连接的初、次级线圈及同名端是正确的,否则继续改变连接再判别,直到正确为止。

(3) 将测微头旋至 10 mm 处,活动杆与传感器相吸合,调整测微头的左右位置,使示波器第二通道显示的波形值 V_{p-p} 为最小,并将测量支架顶部的螺钉拧紧,这时可以进行位移

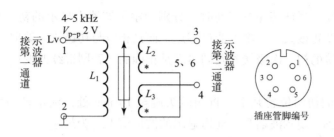

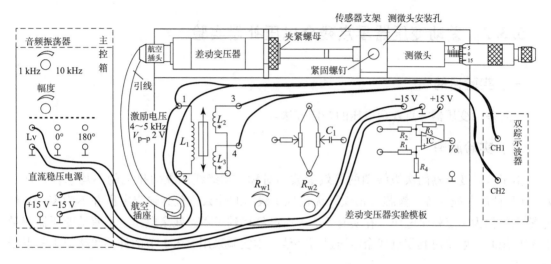

图 5.16　差动变压器安装、接线示意图

性能实验。

假设其中一个方向为正位移，则另一方向为负位移。从 V_{p-p} 最小处开始旋动测微头，每隔 0.2 mm 从示波器上读出电压 V_{p-p} 值并填入表 5.6 中。再从 V_{p-p} 最小处反向旋转测微头，重复实验过程。在实验过程中，注意左右位移时，初、次级线圈波形的相位关系。

表 5.6　差动变压器位移 X 值与输出电压 V_{p-p} 数据

X/mm	8.8	9.0	9.2	9.4	9.6	9.8	10.0	10.2	10.4	10.6	10.8	11.0	11.2
V_{p-p}/mV							最小						

（4）实验过程中差动变压器输出的最小值即差动变压器的零点残余电压。根据表 5.6 画出 V_{p-p}-X 曲线（注意：X_- 与 X_+ 时的 V_{p-p} 相位），分析量程为 ±1 mm、±3 mm 时的灵敏度和非线性误差。

五、思考题

（1）差动变压器的零点残余电压能彻底消除吗？
（2）试分析差动变压器与一般电源变压器的异同。

六、注意事项

（1）判别初、次级线圈及次级线圈同名端时，设任一线圈为初级线圈，并设另外两个线圈的任一端为同名端,当铁芯左右移动时,分别观察示波器中显示的初、次级线圈波形,当次波形输出幅值变化很大,基本上能过零点,而且相位与初级线圈波形比较能同相和反相变化时,说明已连接的初、次级线圈及同名端是正确的,否则继续改变连接再判别,直到正确为止。

(2)传感器安装的初始位置判定:将测微头旋至 10 mm 处,活动杆与传感器相吸合,调整测微头的左右位置,使示波器第二通道显示的波形值 V_{p-p} 为最小。

5.3.2 差动变压器零点残余电压补偿实验

一、实验目的

了解差动变压器零点残余电压的补偿方法。

二、实验原理

由于差动变压器两次级线圈的等效参数不对称,初级线圈纵向排列的不均匀性,铁芯 $B-H$ 特性的非线性等,铁芯(衔铁)无论处于线圈的什么位置其输出电压并不为零,其最小输出值称为零点残余电压。在实验 5.3.1 中已经得到了零点残余电压,用差动变压器测量位移应用时一般要对其零点残余电压进行补偿。本实验采用 5.3.1 节的补偿线路减小零点残余电压。

三、实验仪器、设备

音频振荡器、测微头、差动变压器、差动变压器实验模板、示波器。

四、实验步骤

(1)按图 5.15 安装好差动变压器并按图 5.17 接线,音频信号源从 Lv 插口输出,实验模板 R_1、C_1、R_{w1}、R_{w2} 为电桥平衡网络。

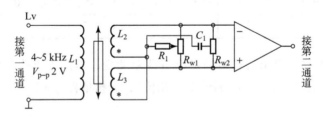

图 5.17 差动变压器零点残余电压补偿电路

(2)利用示波器调整音频振荡器输出幅度为 2~5 V 峰-峰值,频率为 4~5 kHz。
(3)调整测微头,使差动放大器输出电压最小。
(4)依次调整 R_{w1}、R_{w2},使输出电压降至最小。
(5)将第二通道的灵敏度提高,观察零点残余电压的波形,注意与第一通道激励电压相比较。
(6)从示波器上观察并记录差动变压器的零点残余电压值。(注:这时的零点残余电压是经放大后的零点残余电压。)

(7) 拆去 R_1、C_1 与电路的连线,观察并记录下示波器的信号值,比较一下与上述(6)的结果有什么不同。

五、思考题

(1) 请分析经过补偿后的零点残余电压波形。
(2) 本实验也可用图 5.18 所示线路,请分析原理。

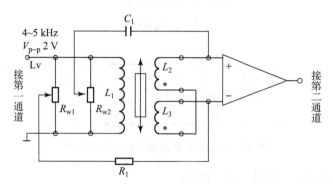

图 5.18　差动变压器零点残余电压补偿电路

六、注意事项

(1) 判别初、次级线圈及次级线圈同名端时,设任一线圈为初级线圈,并设另外两个线圈的任一端为同名端,当铁芯左右移动时,分别观察示波器中显示的初、次级线圈波形,当次级线圈波形输出幅值变化很大,基本上能过零点,而且相位与初级线圈波形比较能同相和反相变化时,说明已连接的初、次级线圈及同名端是正确的,否则继续改变连接再判别,直到正确为止。

(2) 传感器安装的初始位置的判定:将测微头旋至 10 mm 处,活动杆与传感器相吸合,调整测微头的左右位置,使示波器第二通道显示的波形值 V_{p-p} 为最小。

5.3.3　差动变压器测量振动实验

一、实验目的

了解差动变压器测量振动的方法。

二、实验原理

与测量位移的原理相同。

三、实验仪器、设备

音频振荡器、低频振荡器、差动变压器实验模板、移相/相敏检波/滤波模板、数显单元、示波器、直流稳压电源、振动源(2000 型)。

四、实验步骤

（1）将差动变压器按图 5.19 安装在振动台上，并用手按压振动台，不能使差动变压器的活动杆有卡死的现象，否则必须调整安装位置。

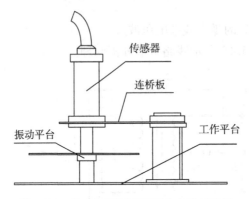

图 5.19　差动变压器测量振动安装示意图

（2）按图 5.20 接线，并按以下步骤操作：

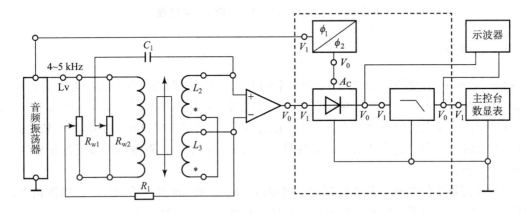

图 5.20　差动变压器振动测量实验接线图

①检查接线无误后，合上主控箱电源开关，用示波器观察音频振荡器 Lv 端的 V_{p-p} 值，调整音频振荡器幅度旋钮使 $V_{p-p}=4$ V，频率调整在 5 kHz。

②用示波器观察相敏检波器的输出，调整传感器连接支架高度，使示波器显示的波形幅值为最小。

③仔细调节 R_{w1} 和 R_{w2} 使示波器（相敏检波输出）显示的波形幅值更小，基本为零。

④用手按住振动平台（让传感器产生一个大位移），仔细调节移相器和相敏检波器的旋钮，使示波器显示的波形为一个接近全波的整流波形。

⑤松开手后，整流波形消失变为一条接近零点的直线（否则再调节 R_{w1} 和 R_{w2}）。将低频振荡器信号接入振动源的输入端，调节振动幅度旋钮和频率旋钮，使振动平台振动较为明显，用示波器观察放大器、相敏检波器及低通滤波器的输出端波形。

（3）保持低频振荡器的幅度不变，改变振荡频率（3～20 Hz），用示波器观察低通滤波器的输出，读出峰-峰电压值，记下实验数据，填入表 5.7。

表 5.7　差动变压器振动测量实验数据

f/kHz	3	6	8	10	12	13	14	16	18	20
V_{p-p}/V										

（4）根据实验结果作出振动梁的幅频特性曲线，指出梁的自振频率范围值。

（5）保持低频振荡器频率不变，改变振荡幅度，可得到梁的振动振幅值大小。

注意：低频激振电压幅值不要过大，以免梁在自振频率附近振幅过大。

五、思考题

（1）利用差动变压器测量振动，在应用上有哪些限制？

（2）用差动变压器测量较高频率的振幅，例如 1 kHz 的振动幅度，可以吗？差动变压器测量频率的上限受到什么影响？

（3）差动变压器输出经相敏检波器检波后是否消除了零点残余电压和死区？从实验曲线上能理解相敏检波器的鉴相特性吗？

六、注意事项

（1）判别初、次级线圈及次级线圈同名端时，设任一线圈为初级线圈，并设另外两个线圈的任一端为同名端，当铁芯左右移动时，分别观察示波器中显示的初、次级线圈波形，当次级线圈波形输出幅值变化很大，基本上能过零点，而且相位与初级线圈波形比较能同相和反相变化时，说明已连接的初、次级线圈及同名端是正确的，否则继续改变连接再判别，直到正确为止。

（2）传感器安装的初始位置的判定：将测微头旋至 10 mm 处，活动杆与传感器相吸合，调整测微头的左右位置，使示波器第二通道显示的波形值 V_{p-p} 为最小。

（3）本仪器中音频信号是由函数发生器产生的，所以通过移相器后波形局部有些畸变，这不是仪器故障，不影响实验效果。

5.4　电涡流传感器实验

5.4.1　电涡流传感器位移实验

一、实验目的

了解电涡流传感器测量位移的工作原理和特性。

二、实验原理

1. 涡流效应原理

电涡流传感器是一种建立在涡流效应原理上的传感器。电涡流传感器由传感器线圈和被测物体（导电体—金属涡流片）组成，如图 5.21（a）所示。根据电磁感应原理，当传感器线圈（一个扁平线圈）通以交变电流（频率较高，一般为 1~2 MHz）I_1 时，线圈周围空间会产生交变磁场 H_1，当线圈平面靠近某一导体面时，由于线圈磁链穿过导体，导体的表面层感应出呈旋涡状自行闭合的电流 I_2，而 I_2 所形成的磁通链又穿过传感器线圈，这样线圈与涡流"线圈"形成了有一定耦合的互感，最终原线圈反馈一等效电感，从而导致传感器线圈的阻抗 Z 发生变化。我们可以把被测导体上形成的电涡流等效成一个短路环，这样就可得到图 5.21（b）所示的等效电路。图中 R_1、L_1 为传感器线圈的电阻和电感。短路环可以认为是一匝短路线圈，其电阻为 R_2，电感为 L_2。线圈与导体间存在一个互感 M，它随线圈与导体间距的减小而增大。

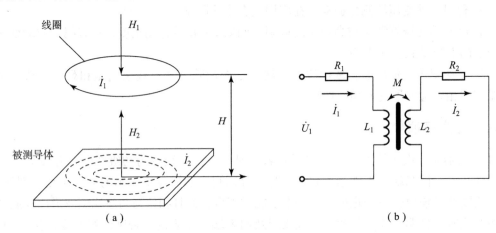

图 5.21　涡流效应原理及等效电路

(a) 涡流效应原理；(b) 等效电路

根据等效电路可列出电路方程组：

$$\begin{cases} R_2 \dot{I_2} + j\omega L_2 \dot{I_2} - j\omega M \dot{I_1} = 0 \\ R_1 \dot{I_1} + j\omega L_1 \dot{I_1} - j\omega M \dot{I_2} = \dot{U_1} \end{cases} \tag{5.23}$$

通过解方程组，可得 I_1、I_2。因此传感器线圈的复阻抗为

$$Z = \frac{\dot{U}}{\dot{I}} = \left[R_1 + \frac{\omega^2 M^2}{R_2^2 + (\omega L_2)^2}R_2\right] + j\left[\omega L_1 - \frac{\omega^2 M^2}{R_2^2 + (\omega L_2)^2}\omega L_2\right] \tag{5.24}$$

线圈的等效电感为

$$L = L_1 - L_2 \frac{\omega^2 M^2}{R_2^2 + (\omega L_2)^2} \tag{5.25}$$

线圈的等效品质因数 Q 值为

$$Q = Q_0\{[1 - (L_2\omega^2 M^2)/(L_1 Z_2^2)]/[1 + (R_2\omega^2 M^2)/(R_1 Z_2^2)]\} \tag{5.26}$$

式中，Q_0 为无涡流影响下线圈的 Q 值，$Q_0 = \omega L_1/R_1$；Z_2^2 为金属导体中产生电涡流部分的阻抗，$Z_2^2 = R_2^2 + \omega^2 L_2^2$。

由式（5.24）、式（5.25）和式（5.26）可以看出，线圈与金属导体系统的阻抗 Z、电感 L 和品质因数 Q 值的变化与导体的电导率、磁导率、几何形状、线圈的几何参数、激励电流频率以及线圈到被测导体间的距离有关。而从麦克斯韦互感系数的基本公式出发，可得互感系数是线圈与金属导体间距离 $x(H)$ 的非线性函数。因此 Z、L、Q 均是 x 的非线性函数。虽然它整个函数是一非线性的，其函数特征为 "S" 型曲线，但可以选取它近似为线性的一段。

如果控制上述参数中的一个参数改变，而其余参数不变，则阻抗就成为这个变化参数的单值函数。当电涡流线圈、金属涡流片以及激励源确定后，并保持环境温度不变，则只与距离 x 有关。于是，通过传感器的调理电路（前置器）处理，将线圈阻抗 Z、L、Q 的变化转化成电压或电流的变化输出。输出信号的大小随探头到被测体表面之间的间距而变化，电涡流传感器就是根据这一原理实现对金属物体的位移、振动等参数的测量。

2. 测量电路

根据电涡流传感器的基本原理，为实现电涡流位移测量，必须有一个专用的测量电路。这一测量电路（称为前置器，也称为电涡流变换器）应包括具有一定频率的稳定的振荡器和一个检波电路等。将传感器与被测体间的距离变换为传感器的 Q 值、等效阻抗 Z 和等效电感 L 三个参数。

本实验的涡流变换器为变频调幅式测量电路，电路原理如图 5.22 所示。电路组成如下：

（1）Q_1、C_1、C_2、C_3 组成电容三点式振荡器，产生频率为 1 MHz 左右的正弦载波信号。电涡流传感器接在振荡回路中，传感器线圈是振荡回路的一个电感元件。振荡器的作用是将位移变化引起的振荡回路的 Q 值变化转换成高频载波信号的幅值变化。

（2）D_1、C_5、L_2、C_6 形成 π 形滤波的检波器。检波器的作用是将高频调幅信号中传感器检测到的低频信号取出来。

（3）Q_2 组成射极跟随器。射极跟随器的作用是输入、输出匹配以获得尽可能大的不失真输出的幅度值。

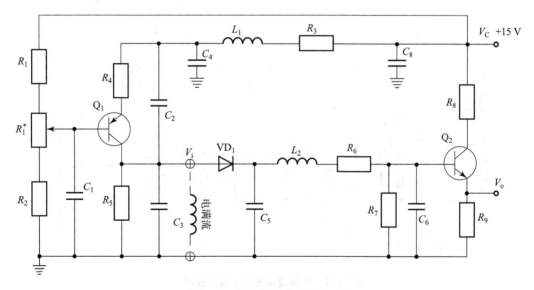

图 5.22　电涡流传感器测量电路

电涡流传感器是通过传感器端部线圈与被测物体（导电体）间的间隙变化来测量物体的振动相对位移量，它与被测物体之间没有直接的机械接触，具有很宽的使用频率范围。当无被测导体时，振荡器回路谐振于 f_0，传感器端部线圈 Q_0 为定值且最高，对应的检波输出

电压 V_o 最大。当被测导体接近传感器线圈时,线圈 Q 值发生变化,振荡器的谐振频率发生变化,谐振曲线变得平坦,检波出的幅值 V_o 变小。V_o 变化反映了位移 x 的变化。电涡流传感器在位移、振动、转速、探伤、厚度测量上得到广泛应用。

三、实验仪器、设备

电涡流传感器实验模板、电涡流传感器、直流电源、数显单元、测微头、铁圆片。

四、实验步骤

(1) 根据图 5.23 安装电涡流传感器。图 5.24 所示为电涡流传感器实验接线图。

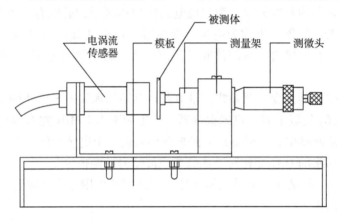

图 5.23 电涡流传感器安装示意图

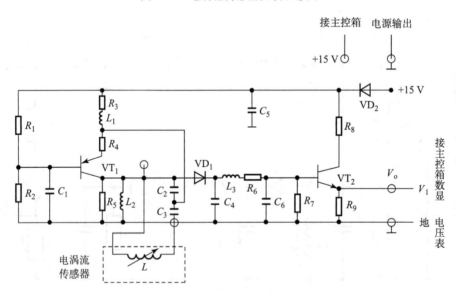

图 5.24 电涡流传感器实验接线图

(2) 观察传感器结构,这是一个扁平的多层线圈,两端用单芯屏蔽线引出。

(3) 将电涡流传感器输出插头接入实验模板上相应的传感器输入插口,传感器作为由晶体管 VT_1 组成的振荡器的一个电感元件。

(4) 在测微头端部装上铁质金属圆片,作为电涡流传感器的被测体。

(5) 将实验模板输出端 V_o 与数显单元输入端 V_i 相接。数显电压表量程置 20 V 挡。
(6) 用连接导线从主控箱接入 +15 V 直流电源（模板上标有 +15 V 的插孔）。
(7) 移动测微头与传感器线圈端部接触，开启主控箱电源开关，记下数显表读数，旋转测微头每隔 0.2 mm 读一个数，直到输出几乎不变为止，将结果填入表 5.8。

表 5.8　电涡流传感器位移与输出电压数据

x/mm											
V/V											

(8) 根据表 5.8 中数据，画出 $V-x$ 曲线，根据曲线找出线性区域及选择位移测量时的最佳工作点，试计算量程为 1 mm、3 mm 及 5 mm 时的灵敏度和非线性误差（可以用端基法或其他拟合直线）。

五、思考题

(1) 电涡流传感器的量程与哪些因素有关？
(2) 用电涡流传感器进行非接触位移测量时，如何根据量程选用传感器？

六、注意事项

电涡流传感器安装的初始位置应是其输入与输出关系曲线的线性区域内的某一个值，即它的最佳工作点要确定合理。

5.4.2　被测体材质对电涡流传感器特性影响实验

一、实验目的

了解不同的被测体材料对电涡流传感器性能的影响。

二、实验原理

影响涡流效应的强弱除了上面提及的因素外，与金属导体本身的电阻率和磁导率也有关系，因此不同的材料就会有不同的涡流效应，从而改变电涡流传感器的测量性能。

三、实验仪器、设备

与 5.4.1 节实验相同，另加铜和铝的被测体圆盘。

四、实验步骤

(1) 传感器安装与 5.4.1 节实验相同。
(2) 将原铁圆片换成铝或铜圆片。
(3) 重复 5.4.1 节实验步骤将被测体为铝圆片和铜圆片时的位移特性，分别记入表 5.9 和表 5.10 中。

表 5.9　被测体为铝圆片时的位移与输出电压数据

x/mm									
V/V									

表 5.10　被测体为铜圆片时的位移与输出电压数据

x/mm									
V/V									

（4）根据表 5.9 和表 5.10 分别计算量程为 1 mm 和 3 mm 时的灵敏度和非线性误差。

（5）分别比较 5.4.1 节实验和本实验所得的结果，并进行小结。

五、思考题

若被测体为非金属材料，是否可利用电涡流传感器进行位移测试？

六、注意事项

电涡流传感器安装的初始位置应是其输入与输出关系曲线的线性区域内的某一个值，即它的最佳工作点要确定合理。

5.4.3　被测体面积大小对电涡流传感器的特性影响实验

一、实验目的

了解电涡流传感器在实际应用中其位移特性与被测体的形状和尺寸有关。

二、实验原理

电涡流传感器在实际应用中，由于被测体的距离、材料不同会导致被测体表面涡流效应的不同（减弱甚至不产生涡流效应），而被测体面积的大小也会影响电涡流传感器的位移测量特性，所以在实际测量中，往往必须针对具体的被测体面积进行静态特性标定。

三、实验仪器、设备

直流电源、电涡流传感器、测微头、电涡流传感器实验模板、不同面积的铝被测体。

四、实验步骤

（1）传感器安装见 5.4.1 节实验（图 5.23）。

（2）按照 5.4.1 节实验中图 5.24 要求连接好测量线路。

（3）在测微头上分别装两种不同的被测铝（小圆盘、小圆柱体），重复位移特性实验，分别将实验数据记入表 5.11。

表5.11 不同尺寸时的被测体实验数据

x/mm								
被测体1								
被测体2								

(4) 根据表5.11中的数据计算两种被测体1、2的灵敏度,并说明理由。

五、思考题

现有一个直径为10 mm的电涡流传感器,需对一个轴径为8 mm的转动轴的振动进行测量,试说明具体的测试方法与操作步骤。

六、注意事项

电涡流传感器安装的初始位置应是其输入与输出关系曲线的线性区域内的某一个值,即它的最佳工作点要确定合理。

5.4.4 电涡流传感器测量振动实验

一、实验目的

了解电涡流传感器测量振动的原理与方法。

二、实验原理

根据电涡流传感器位移特性、被测材料选择合适的工作点即可测量振动。

三、实验仪器、设备

电涡流传感器实验模板、电涡流传感器、振动台(2000型)、直流电源、移相/检波/滤波模块、数显单元、测微头、示波器。

四、实验步骤

(1) 参考5.4.1节实验中的图5.23安装电涡流传感器。注意传感器端面与被测体振动台面(铝材料)之间的安装距离为线性区域的中点(利用5.4.2节实验中铝材料线性范围)。将电涡流传感器输出插头插入实验模板相应的插孔中,接入+15 V电源,实验模板输出端接示波器Y1通道并与低通滤波器 V_i 端相连,低通滤波器输出 V_o 接示波器Y2通道。

(2) 将主控台上的低频信号接入振动台,振荡频率设置在6~12 Hz之间。

(3) 低频振荡器幅度旋钮初始为零,慢慢增大幅度,使振动台面振动但不能与传感器端面碰撞。

(4) 用示波器观察电涡流实验模板输出端波形(Y1)和低通滤波器输出波形(Y2),调节传感器安装支架高度,读取正弦波失真最小时的Y2电压峰–峰值。

（5）保持振动台的振动频率幅度不变，改变振动频率测出不同频率下相应的传感器输出电压峰–峰值。

五、思考题

设振动台的固有频率为 9 Hz，能否利用上述实验方法测得振动台的幅频特性曲线？

六、注意事项

（1）电涡流传感器安装的初始位置应是其输入与输出关系曲线的线性区域内的某一个值，即它的最佳工作点要确定合理。

（2）本仪器中音频信号是由函数发生器产生的，所以通过移相器后波形局部有些畸变，这不是仪器故障，不影响实验效果。

（3）正确选择示波器中的"触发"形式，以保证双踪示波器能看到波形的变化。（注：此时示波器触发方式选为通道 CH1 上升沿自动触发。）

5.5 PSD 传感器实验

一、实验目的

（1）了解 PSD 传感器的基本结构、工作原理与测量电路组成。
（2）了解 PSD 传感器特性实验仪的工作原理及组成。

二、实验原理

1. PSD 传感器的基本结构

PSD 是一种新型光电检测器件，被称为坐标光电池，由 P 衬底、PIN 光电二极管及表面电阻组成。它是基于非均匀半导体的"横向光电效应"，而达到器件对入射光或粒子位置的敏感。即利用 PSD 的光电流可测量入射到感光区域的光斑能量中心的位置（一维），将光敏面上光点位置转化为电信号，且位置信号与落在探测器上的光斑形状无关。本实验中，PSD 是一维位置传感器，其测量电路如图 5.25 所示，PSD 的光斑活动位置由传感器的两端电极

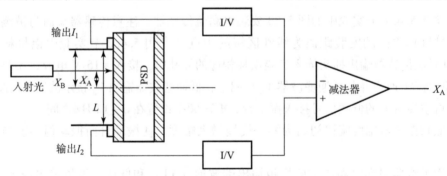

图 5.25 PSD 测量电路

输出的电流 I_1、I_2 决定，通过测量电路可将输出电流变化转化成电压值，再利用减法器和运算放大电路，得到的输出电压值即反映了 PSD 的光斑活动位置。

如图 5.25 所示，取 PSD 几何中心为坐标原点，L 表示两电极之间的距离，$I_0 = I_1 + I_2$ 表示总光电流，X_A 为入射光斑到坐标原点的距离，则根据 PSD 传感器工作原理有

$$I_1 = \frac{1}{2}\left(1 - \frac{2}{L}X_A\right)I_0 \tag{5.27}$$

$$I_2 = \frac{1}{2}\left(1 + \frac{2}{L}X_A\right)I_0 \tag{5.28}$$

则

$$I_2 - I_1 = \frac{4}{L}X_A I_0 \tag{5.29}$$

$$X_A = K(I_2 - I_1) \tag{5.30}$$

输出电压值与光斑能量中心位置 X_A 值成正比，可见电极输出光电流之差与 X_A 成正比。通过减法器输出电压值即可得到光斑能量中心位置 X_A 值。

2. PSD 传感器实验仪的组成及工作原理

如图 5.26 所示，半导体激光器安装在振动梁上，利用机械调节支架可调节 PSD 传感器上激光光斑位置。测微头与振动梁边上的磁铁吸合，可对振动梁施加静态位移量，电子处理模块完成 I/V 转换、加减计算和放大信号以输出光斑能量中心位置 X_A，完成信号的转换。

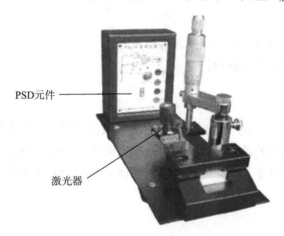

图 5.26　PSD 传感器实验仪

三、实验仪器、设备

PSD 传感器实验仪、主控台数显表或万用表、±15 V 电源。

四、实验步骤

（1）PSD 传感器实验仪接入 ±15 V 电源，同时其地线要与主控台地线共地。将 PSD 信号输出端 V_o 和主控台数显表（或万用表）相连。

（2）将测微头与振动梁边上的磁铁吸合，调节机械调节支架来调整激光器的上下位置，使光斑大约在 PSD 传感器的中心点上，并用螺栓固定测微头位置。

（3）旋转测微头使光斑能在 PSD 传感器有效测量距离（±1 ~ ±2 mm）之间移动。

（4）调节测微头，使电压表指示为零，此点记为起始零点。

（5）向上旋转测微头，每隔 0.1 mm 读一次电压表数值，并记入表 5.12 中。

表 5.12　向上旋转测微头实验数据

位置（X）/mm	…	-0.3	-0.2	-0.1	0	0.1	0.2	0.3	…
输出 V									

（6）测微头回到零位，往下旋转测微头，同样每隔 0.1 mm 读一次电压表数值，并记入表 5.13 中。

表 5.13　向下旋转测微头实验数据

位置（X）/mm	…	-0.3	-0.2	-0.1	0	0.1	0.2	0.3	…
输出 V									

（7）作出 $X-V$ 曲线，计算系统灵敏度及分析误差来源。

（8）移开测微头，用手按压振动梁，然后松手，用示波器观察波形，分析为什么是一个衰减的自由振荡波形。

五、思考题

（1）测量物体的位置与位移，其概念是否相同？

（2）本实验是否可以测微振动？

六、注意事项

（1）激光照射到 PSD 上的光斑位置应是感光区域的能量中心而不是感光区域几何中心。

（2）测量的初始位置的确定：将测微头与振动梁边上的磁铁吸合时，振动梁没有变形。再调节机械调节支架来调整激光器的上下位置，使光斑大约在 PSD 传感器的中心点上，并用螺栓固定测微头位置。

5.6　超声波测距实验

一、实验目的

（1）了解超声波的产生及其在介质中的传播特性。

（2）了解超声波传感器的基本结构及工作原理。

（3）了解超声波传感器测距系统的组成及测量电路的基本原理。

二、实验原理

超声波传感器的工作原理：本实验采用的是压电式超声波传感器，它主要由超声波发射器（或称发射探头）和超声波接收器（或称接收探头）两部分组成，结构如图 5.27 所示。

探头都是利用压电材料（如石英、压电陶瓷等）的压电效应进行工作的。利用逆压电效应将高频电振动转换成高频机械振动，产生超声波，以此作为超声波的发射器。而利用正压电效应将接收的超声振动波转换成电信号，以此作为超声波的接收器。

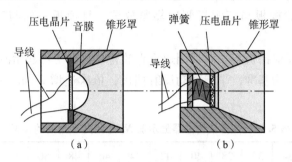

图 5.27　超声波传感器结构示意图
（a）超声波发射器；（b）超声波接收器

超声波传感器测距原理：如图 5.28 所示，定时器每隔固定时间 T_0（$T_0 \gg t_s$）发出一个脉冲，控制超声波发射器向某一方向发射超声波，在发射的同时开始计时，超声波在空气中传播，途中碰到障碍物就立即返回，超声波接收器收到反射的波就立即停止计时。超声波接收器将接收到的脉冲进行放大、整形，然后经触发器得到一定宽度的脉冲信号，再利用计数器即可记录下脉冲个数 N_s，来反映发射信号与接收信号之间的时间差 t_s。超声波在空气中的传播速度为 340 m/s，根据计时器记录的时间 t_s，就可以计算出发射点距障碍物的距离 S，即 $S = 340t_s/2 = 170t_s$。

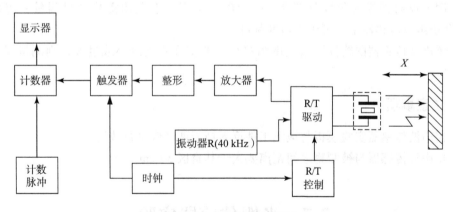

图 5.28　超声波测距原理

本实验中应用的 R/T40 系列传感器工作过程：从两个引脚输入 40 kHz 的脉冲信号，通过其内部的陶瓷片激励器和谐振片转换成机械振动量，经锥形辐射口被工件反射回来，接收端收到 40 kHz 的反射信号，使谐振片产生谐振，通过内部转换成一电信号，用于反映被测量的大小或控制各种电气设备。

三、实验仪器、设备

超声波传感器实验模板、超声波发射/接收器件、反射挡板、数显表、±15 V 电源。

四、实验步骤

（1）将主控箱上的 ±15 V 电源接入超声波实验模块。

（2）将超声波实验模板与三源板侧边靠紧放置，且模板一面与三源板侧边基准零点对齐。

（3）将被测工件反射挡板与三源板侧边垂直放置，且设工件起始测量位置在 30 mm 处。

（4）以三源板侧边为基准，平行移动反射挡板，依次递增 2 cm，读出数显表上的脉冲数 N_s，填入表 5.14。

表 5.14　超声波传感器显示值 N_s 与距离 X 之间的关系

X/mm →	30	32	34	36	38	40	42	44	46	48	50	52	54	56	58	60
N_s																
X/mm ←	60	58	56	54	52	50	48	46	44	42	40	38	36	34	32	30
N_s																

（5）根据表 5.14 中的数据，画出 N_s-X 曲线，确定测量的线性范围，以端点连线法确定灵敏度 S 及线性度 δ 的大小。

五、思考题

（1）调节反射挡板的角度分别为 10°、50°，重复一下上述实验（只测量一组数据即可），体会超声波传感器是否可用于角度测量。

（2）超声波传感器的线性测量范围为多少？若实际距离过小或过大，则测量误差增大还是减小？

六、注意事项

（1）超声波传感器实验模板与被测工件反射挡板两者应平行放置。

（2）超声波传感器与被测物之间距离要大于其盲区 30 cm。

5.7　光栅传感器实验

一、实验目的

（1）了解光栅传感器的原理。

（2）了解光栅传感器莫尔条纹与栅距的关系。

（3）了解光栅传感器莫尔条纹的细分、计数方法。

二、实验原理

1. 光栅传感器的原理

光栅传感器是由标尺光栅和指示光栅组成的。光栅在本质上是指在光学玻璃上平行均匀地刻出的直线条纹。在标尺光栅和指示光栅上，它们的线纹密度一样，一般为 10～100 线/mm，结构如图 5.29 所示。

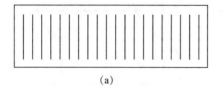
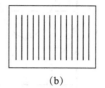

图 5.29　标尺光栅和指示光栅

（a）标尺光栅；（b）指示光栅

把指示光栅平行放在标尺光栅上面，再使它们的线纹之间形成一个很小的夹角，在光线照过光栅时，在指示光栅上就会产生若干条粗的明暗条纹，这称为莫尔条纹。当指示光栅和标尺光栅相对做左右移动时，莫尔条纹也做上下移动，也就是说，莫尔条纹的移动方向和光栅移动方向是接近垂直的，如图 5.30 所示。在光栅中，指示光栅移动一个栅距时，则在其上的莫尔条纹移动一个宽度 W，而光栅栅距很小，为 1/10～1/100 mm，但莫尔条纹的宽度是厘米级的。很明显光栅对移动是有放大作用的。

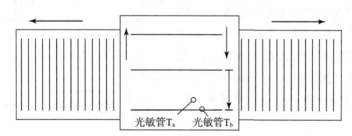

图 5.30　光栅及莫尔条纹形成

如果莫尔条纹的宽度是 W，并在 $W/4$ 处分别安置两个光敏三极管（简称光敏管），随着指示光栅左右移动，在光敏三极管中就感应出和光线亮度相应的电流并呈正弦波形状。即指示光栅每移动一个栅距，则会使莫尔条纹移动一个纹距，而一个纹距会在光敏三极管中产生一个周期的正弦波。对于 50 线光栅，每移动 1/50 mm 的距离，则产生一个正弦波输出，由于两个光敏三极管所处的位置关系，两个光敏三极管的电流在相位上相差 90°。

2. 测量原理

本装置的光栅数为 50 线，所以栅距为 1÷50＝0.02（mm），也就是说，当莫尔条纹形成时，可观察到的粗暗条纹间距应为 0.02 mm（或粗明条纹间距）。需要注意的是，莫尔条纹由最暗条纹到最明条纹是逐渐递变的，再由最明条纹到最暗条纹也是逐渐递变的。

利用光敏三极管对莫尔条纹的检测就可以检测出指示光栅和标尺光栅的相对位置。在指示光栅上，以 1/4 的莫尔条纹宽度为距离安置两个光敏三极管 T_a。实际测量时，当指示光栅向左移动时，莫尔条纹向上移动，形成图 5.31（a）所示的电流–电压波形；当指示光栅向右移动时，莫尔条纹向下移动，则形成图 5.31（b）所示的电流－电压波形。

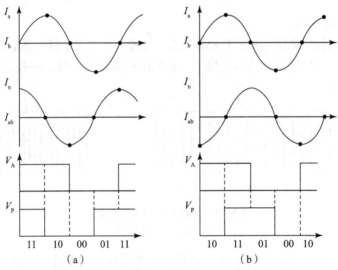

图 5.31 光敏电流及放大后的电压波形
(a) 左移；(b) 右移

图 5.31（a）的 V_A、V_B 波形说明，当指示光栅左移时，V_A、V_B 的电平逻辑为 00→01→11→10→00；图 5.31（b）的 V_A、V_B 的波形说明，当指示光栅右移时，V_A、V_B 的电平逻辑为 00→01→11→01→00。因此，从电平逻辑的变化情况也可以判别出指示光栅移动方向。对于已制成的光栅传感器，其上已把正弦波通过比较器整形成方波输出，所以在计数板上，当移动光栅传感器时，测试点 TP1（A 端）、TP2（B 端）的输出波形是一相位差 90°的方波，如图 5.32 所示。

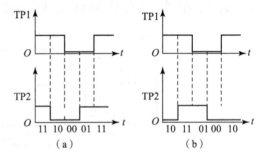

图 5.32 测试点输出的方波
(a) 光栅左移时；(b) 光栅右移时

为了提高计数分辨率，通常对光栅传感器输出方波进行四倍频细分，对于移动一个栅距而形成 TP1、TP2 方波，即每一周期有 4 个电平变化，利用 D 触发器可获得 4 个边缘脉冲信号，若计数器是对这样的边缘脉冲计数，则将使光栅计数分辨率（精度）提高 4 倍。

对于本计数板，就是针对 50 线光栅的四倍频后而计数显示的，计数分辨率将变成：1/50×1/4 = 1/200 = 5（μm），所以显示分辨率将是 0.005 mm（5 μm）。

三、实验仪器、设备

光栅传感器实验模板、数显表、±5 V 电源。

四、实验步骤

1. 光栅传感器莫尔条纹与栅距关系实验

实验时，点亮传感器装置内的发光二极管，逆时针（或顺时针）旋转千分尺，透过指示光栅的四小片区域,可看见明暗相间的莫尔条纹移动。以指示光栅的四小片区域中的其中之一扇区作为瞄准区域,采用单眼观察,距离观察窗 30～50 cm,保持观察姿势不动,缓慢地旋转千分尺。当莫尔条纹通过被观察的扇区时,其亮度将逐渐由最明渐变到最暗,再由最暗渐变到最明,如此循环。当观察到扇区由第一次最暗渐变到第二次最暗时,即传感器装置位移了一个周期,相当于一个栅距 0.02 mm。由于旋转的千分尺每一细格为 0.01 mm,所以,观察莫尔条纹移动一个栅距 0.02 mm(一个条纹周期),记录千分尺旋转的距离,填入表 5.15。注意:旋转千分尺时,手势应很缓慢,观察莫尔条纹移动采用单眼观察。

表 5.15 光栅传感器莫尔条纹与栅距关系

莫尔条纹序号	第一次	第二次	第三次	第四次	第五次	平均值
千分尺旋转距离						

2. 光栅传感器莫尔条纹的细分、计数实验

当移动光栅传感器时,利用示波器观察测试点 TP1(A 端)、TP2(B 端)的输出电平大小,并当分别以 1/4 栅距向左和向右移动光栅传感器时观察测试点电平的变化规律并总结规律。

五、思考题

(1)当移动光栅传感器时,测试点 TP1(A 端)、TP2(B 端)的输出波形是何种波形?相位差多大?

(2)光栅传感器移动方向如何判断?

(3)光栅传感器莫尔条纹与栅距的关系是什么?

六、注意事项

光栅传感器莫尔条纹数目反映了移动的距离并有放大位移的作用,故要仔细观察莫尔条纹数目的变化。光强变化一个周期即一条莫尔条纹。

5.8 状态滤波器动态特性实验

一、实验目的

(1)了解三种状态滤波器设计的基本原理及滤波范围。

(2)了解典型信号通过各种状态滤波器后的响应情况。

(3)了解各种状态滤波器特性参数变化时,典型信号输出的变化情况。

(4)以滤波器为例掌握二阶系统动态特性测试的两种基本方法。

(5)阶跃响应法测量低通滤波器的时域特性指标。

(6) 正弦响应法测量低通滤波器、带通滤波器、高通滤波器的特性曲线。

(7) 熟悉信号发生器、数字示波器、滤波器动态特性实验仪、电机动平衡实验仪的使用方法。

二、实验原理

1. 实验所用仪器简介及连线图

本实验所用仪器包括自制的滤波器特性实验仪、信号发生器、示波器和自制的动平衡测试仪，连线方式如图 5.33 所示。

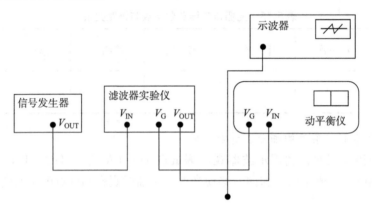

图 5.33 实验系统连接图

信号发生器可以产生方波信号和正弦信号，其频率和幅度可以任意调节；示波器用于显示信号的波形；动平衡仪用于测量正弦信号的幅值和相位（V_G 为方波基准信号，相位为 V_{IN} 相对 V_G 的相位）。

2. 滤波器特性实验仪

如图 5.34 所示，其核心为一个二阶跟踪滤波器，有低通、带通和高通三路输出，其频响函数为

$$H_L(\omega) = \frac{-K\omega_n^2}{\omega_n^2 + 2j\xi\omega_n - \omega^2} \tag{5.31}$$

$$H_B(\omega) = \frac{-jK\omega_n\omega}{\omega_n^2 + 2j\xi\omega_n\omega - \omega^2} \tag{5.32}$$

$$H_H(\omega) = \frac{K\omega^2}{\omega_n^2 + 2j\xi\omega_n\omega - \omega^2} \tag{5.33}$$

式中，阻尼率 ξ 由电位器 R_ξ 控制，R_ξ 小则 ξ 小。

固有频率受中心频率控制器控制，并以 $60f_n$ 的方式显示（f_n =50 Hz 时，显示 3 000 r/min），并可以通过调节 R_ξ 电位器来改变固有频率。

跟踪滤波器前的衰减器可以由衰减开关 1 来选择，0 位对应"×1"，1 位对应"×1/2"，2 位对应"×1/4"，3 位对应"×1/8"。

V_{OUT} 为输出插口，对于信号点可以由测点切换开关 2 来选择。0 位对应 V_{IN}，1 位对应 V_{LP}，2 位对应 V_{BP}，3 位对应 V_{HP}。

V_G 为 V_{IN} 经过零触发产生的基准信号。

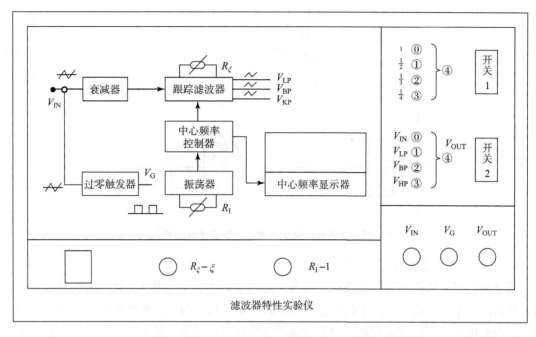

图 5.34 滤波器特性实验仪面板

由于状态滤波器为一典型二阶系统,且不同的滤波器有不同的滤波范围,因而当输入信号的类型、频率改变时,其输出响应就会变化。三种状态滤波器具有各自不同的测量范围,同时通频带也会随着三种状态滤波器的特性参数的变化而变化。

3. 利用示波器定性观察典型信号通过各种状态滤波器后的响应情况

(1) 按图 5.33 连线,状态滤波器中心频率调至 $60f_n = 3\ 000$ r/min。

(2) 信号发生器分别发出方波信号和正弦信号,并不断改变输入信号的频率($f = 5 \sim 120$ Hz,每隔 15 Hz 改变一次)。

(3) 通过示波器定性观察典型信号通过各种状态滤波器后的响应变化情况,并得出结论。

4. 利用示波器定性观察典型二阶系统的固有频率、阻尼率改变时,典型信号通过各种状态滤波器后的响应变化情况

按图 5.33 连线,状态滤波器中心频率调至 $60f_n = 2\ 500 \setminus 3\ 500 \setminus 4\ 000$ r/min 时,阻尼率分别调至 $\xi = 0.3 \setminus 0.7 \setminus 1.0$,分别观察状态滤波器的响应变化情况,并得出结论。

5. 阶跃输入法测试 V_{LP} 二阶低通滤波器特性实验

选择信号发生器输出方波信号,频率约为 5 Hz;跟踪滤波器中心频率为 50 Hz,即显示 3 000 r/min;测点切换开关 2 选择 1 位,即 $V_{OUT} = V_{LP}$;调整示波器显示 V_{LP}。

在方波上升沿,V_{LP} 有 3~5 周期波动后趋于平稳,再进入下降沿响应,如图 5.35 所示。为此可以认为在方波的正向半个周期内,阶跃响应输入阶跃高度为 A_X,输出阶跃响应稳定高度 A_Y。测量 A_X、A_Y、M_d、τ_d,根据式(5.34) ~ 式(5.37)可以计算 V_{LP} 的特征参数 K、ξ、ω_n。

$$K = \frac{A_Y}{A_X} \tag{5.34}$$

$$\frac{M_d}{A_Y} = e^{-\frac{\xi\pi}{\sqrt{1-\xi^2}}} \tag{5.35}$$

$$\omega_d = 2\pi/\tau_d \tag{5.36}$$

$$\omega_d = \omega_n\sqrt{1-\xi^2} \tag{5.37}$$

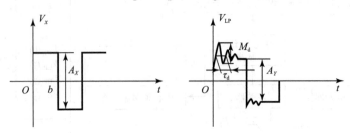

图 5.35　阶跃输入响应法测二阶低通滤波器特性

6. 正弦响应法测试 V_{LP}、V_{BP} 和 V_{HP} 的频响曲线

信号源选择正弦信号输出给跟踪滤波器，这时输出 V_{LP}、V_{BP} 和 V_{HP} 也是正弦信号，但幅值和初相位发生了变化。用动平衡仪分别测试输入正弦信号与三种滤波器输出信号的幅值和相位，由此可以计算滤波器在此频率下的幅频特性和相频特性。如 $x(t) = x_0\sin(2\pi ft + \phi_x)$，$y(t) = y_0\sin(2\pi ft + \phi_y)$，测得 x_0、ϕ_x、y_0、ϕ_y。

计算：
$$\begin{aligned} A(f) &= y_0/x_0 \\ \phi(f) &= \phi_y - \phi_x \end{aligned} \tag{5.38}$$

改变频率即可测得各频率下的幅频和相频特性，从而画出幅频特性曲线和相频特性曲线，仪器连线如图 5.33 所示。

三、实验仪器、设备

函数信号发生器、示波器、状态滤波器、动平衡仪。

四、实验步骤

1. 具体操作方法

（1）动平衡仪输入通道数 $N = 99$。

（2）状态滤波器阻尼率调至 $\xi = 0.7$，中心频率调至 3 000 r/min 左右，并将中心频率数值填入表 5.16。

（3）信号发生器输出正弦信号，频率为 $60f_n = 500 \sim 6\,500$ r/min。

（4）利用动平衡仪测出各个频率正弦信号输入下，三种状态滤波器输入、输出的幅值及相位，填入表 5.16 并画图。

注：①动平衡仪测速显示 $60f_n$ 即 r/min。

②动平衡仪相位取负。

③动平衡仪为一测试系统，有自身的放大率和相移，但对式（5.38）成立不影响。

④ϕ_y 从 360°变为小量后应加 360°。

2. 实验内容

（1）阶跃输入响应法测量二阶低通滤波器特性，如图 5.35 所示。

测得：
$A_X =$ $A_Y =$ $M_d =$ $\tau_d =$

计算：
$K =$ $\xi =$ $\omega_n =$

（2）正弦输入响应法测量 L_{PF}、B_{PF}、H_{PF} 的输出响应并填入表 5.16，并画出三种状态滤波器的幅频特性和相频特性曲线。

表 5.16　正弦响应法测试三种状态滤波器特性实验数据（$60f_n = (\quad)$）

$60f_n$	500	$60f_n-$ 1 200	$60f_n-$ 1 000	$60f_n-$ 800	$60f_n-$ 600	$60f_n-$ 400	$60f_n-$ 200	$60f_n$	$60f_n+$ 200	$60f_n+$ 400	$60f_n+$ 600	$60f_n+$ 800	6 500
X_0													
ϕ_0													
Y_{L0}													
ϕ_L													
Y_B													
Y_H													
A_L													
$-\phi_L(f)$													
A_B													
A_H													

五、思考题

（1）试着改变 R_ξ，观察 V_{LP} 的变化，分析其原理。

（2）正弦输入下，改变 f 时，观察 V_{LP}、V_{BP}、V_{HP} 波形的幅值变化规律。

（3）方波输入下，频率为 $60f_n = 3\,000$ r/min 时，观察 V_{LP}、V_{BP}、V_{HP} 的波形，为什么 V_{LP}、V_{BP} 接近正弦，而 V_{HP} 不能？

六、注意事项

（1）为使相位检测准确，滤波器的基准方波信号一定接到正弦信号幅值相位测量仪上。

（2）根据圆周自然封闭原则，每隔 360° 相位就要归零，故 ϕ_y 从最大量变为最小量时应加 360°。

5.9　电机动平衡综合测试实验

一、实验目的

（1）了解动平衡测试原理及电机动平衡测试系统的组成、构建方法及各环节的功能。

(2) 通过示波器和测振表观察电机振动与不平衡量之间的关系,从感性上加深理解旋转机械由于偏心而引起的振动及危害情况。

(3) 实际动手测试电机的动平衡,掌握测振、配重、减振直至动平衡的整个过程;了解传感器测振、滤波器滤除干扰的情况和必要性。

(4) 学会动平衡仪、示波器和测振表的使用方法。

二、实验原理

如图 5.36 所示,当电机旋转时,飞轮也随之转动。由于制造及安装误差,飞轮的质量分布对于电机轴线总是不对称的,即存在一个等效的偏心质量,左右飞轮质量分别为 M_1、M_2,M_1、M_2 将产生一个与速度成二次方的离心力,从而引起电机做正弦振动,设左右飞轮正弦振动分别为 V_1、V_2,根据影响系数法,则 M_1、M_2 与 V_1、V_2 有如下关系:

$$M_1 = A_{11}V_1 + A_{12}V_2 \tag{5.39}$$

$$M_2 = A_{21}V_1 + A_{22}V_2 \tag{5.40}$$

式中,A_{11}、A_{12}、A_{21}、A_{22} 为待定常数,通过定量加载的办法可求出。这一过程称为动平衡测试系统的标定。具体操作为:

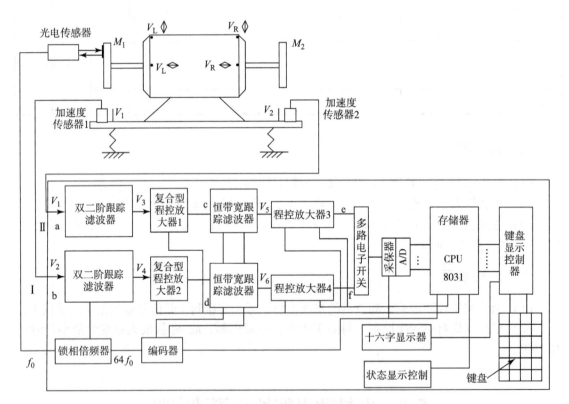

图 5.36 自制动平衡仪实验原理图

左飞轮加已知配重 m',测出左右飞轮的正弦振动 V_{11}、V_{12},有

$$M_1 + m' = A_{11}V_{11} + A_{12}V_{12} \tag{5.41}$$

$$M_2 = A_{21}V_{11} + A_{22}V_{12} \tag{5.42}$$

右飞轮加已知配重 m'，测出左右飞轮的正弦振动 V_{21}、V_{22}，有

$$M_1 = A_{11}V_{21} + A_{12}V_{22} \quad (5.43)$$

$$M_2 + m' = A_{21}V_{21} + A_{22}V_{22} \quad (5.44)$$

式（5.39）～式（5.44）六个方程联立求解，即可知 A_{11}、A_{12}、A_{21}、A_{22}。把确定 A_{11}、A_{12}、A_{21}、A_{22} 的过程称为系统标定；完成标定后，通过测量实际振动 V_1、V_2 即可计算 M_1、M_2，这一过程就是转子动平衡测试过程。其中测量振动 V_1、V_2 是关键。

1. 动平衡测试机理

如图 5.36 所示，在转子上贴一标记（黑轴贴亮标，亮轴贴黑标）。光电传感器对准标记，则转子每转一圈，产生一个电脉冲。光电传感器产生的脉冲信号 f_0 经锁相倍频器产生 $128f_0$，倍频信号用于控制两路双二阶跟踪滤波器，$64f_0$ 倍频信号用于控制两路恒带宽跟踪滤波器，并控制采样和用于测速技术。

支撑 Ⅰ、Ⅱ 上的振动 V_1、V_2 经速度传感器（加速度计）变为正弦交变信号，振荡频率和转子转动频率相同。振动传感器产生的电信号中除含有上述不平衡产生的正弦交变信号外，还存在由轴承振动、基础振动和电磁辐射等因素产生的大量噪声干扰。为此在对信号采样之前需对信号进行滤波和放大。两路振动信号进入仪器，首先经过双二阶跟踪滤波器，滤除信号中的高频噪声；信号经滤波后幅度降低，再通过程控放大器 1、2 进行放大；而后再通过恒带宽跟踪滤波器进行进一步滤波；再经过程控放大器 3、4 进行进一步放大。微机控制多路电子开关和 A/D，对两路信号进行采样，采用后计算 V_1、V_2 的幅值和相角，根据状态控制和键盘命令进行各种计算，并在十六字显示器上显示结果。

2. 仪器面板介绍

仪器面板布置如图 5.37 所示，有如下六个部分：

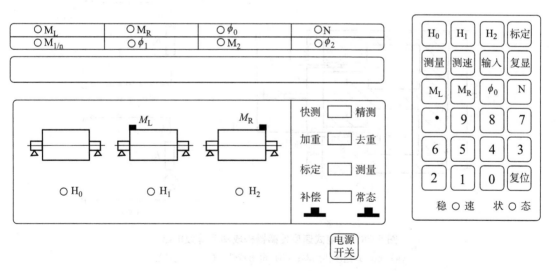

图 5.37　IMB-Ⅱ 智能化多功能动平衡测试仪器面板

操作键盘：操作键盘上共有 24 个键，包括 1 个复位键、8 个功能键、4 个参数键和 11 个数字键。十六字数码管和上方框格中两排发光二极管：十六字数码管分四组，配合两排发光二极管可显示多种数据，M_L、M_R、ϕ_0、N 灯发绿时，对应四组数码管显示 M_L、M_R、ϕ_0、N 数值。$M_{1/n}$、ϕ_1、M_2、ϕ_2 发光二极管变绿时，对应四组数码管显示 M_1、ϕ_1、M_2、ϕ_2 数值

（不平衡量）；$M_{1/n}$发光变红时，对应$M_{1/n}$显示转速数值。

标定过程中的左加重M_L（H_1）、右加重M_R（H_2）、无加重（H_0）的三个图形，用以提示标定的三个主要步骤。某一步骤（H_1、H_2、H_0）测量完成时，相应图形下指示灯亮。

控制琴键开关组："常态/补偿"键，按下时可以对转子半键、联轴节不平衡进行补偿，按出时为常态无补偿测量。（注：使用补偿前应进行补偿值测试。）"测量/标定"琴键，此键为存储记忆开关，进行参数存储和标定时要按下，否则立即弹出。"去重/加重"琴键，此键按下时显示加重角度，弹出显示去重角度。"精测/快测"琴键，按下时采样时间短，精度稍低，但出数快；弹出时采样时间长，精度高。一般不平衡容易测时用"快测"，难测时用"精测"，"标定"时一定用"精测"。

电源开关：按下时电源指示灯亮，电源接通；弹出时电源指示灯熄灭，电源关断。

稳速指示灯和状态指示灯：转子稳速转动且光电传感器一周产生一个脉冲时，稳速指示灯稳定发光，否则闪动，状态指示灯熄灭时指示c、d两点信号太小，变黄时指示c、d两点信号太大发生了饱和削波，变绿色时指示c、d两点正常。

仪器后面板有四个插座和一个琴键。其中一个是电源插座（要求220 V交流电源），一个是光电传感器插座，两个是振动传感器插座；琴键为自校信号切换开关，按下时仪器与三个传感器信号线断开并转接内部50 Hz自校信号。

3. 磁电式速度计简介

动平衡机中绝大多数测振传感器是图5.38所示磁电式速度传感器。其主要由磁缸、连杆、弹簧和线圈组成，测量时，磁缸与基座连接不动，连杆与转子支撑体连接，随转子支撑点做垂直振动，即线圈相对磁缸有相对运动，切割磁力线，产生感应电信号。

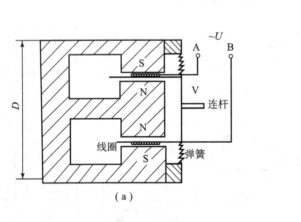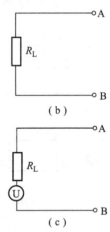

图5.38 磁电式速度传感器构成图及等效电路
（a）磁电式速度传感器；（b）电阻特性；（c）发电特性

如线圈不动，从两接线点A、B看进去，其相当于一个电阻R_L，$R_L = 1 \sim 10$ kΩ；如线圈振动，则从A、B两点看进去相当于一电阻串联一电压源。检查时，可用万用表电阻挡测内阻值R_1，也可用电压挡检查A、B两点在敲击支架时的电压变化。

4. 光电传感器简介

光电传感器的外形如图5.39所示，LED_1为红外发光二极管，不断地发射红外光。

400 Ω 电阻串接在 0 与 +12 V 之间。3DU 是红外接收三极管，当 LED$_1$ 发光射到转子亮处，反射光打到 3DU 时，3DU 有电流导通，在 R_2 产生电压降，$V_a > V_b$，则 V_f 为高电平。如 LED$_1$ 发光射到转子暗处，反射光极弱，3DU 电流小，在 R_2 上电压降小，$V_a < V_b$，则 V_f 为低电平。上述转子的亮暗处，由所贴光标来实现，转子亮则贴黑标记，暗则贴光亮标记。LED$_2$ 为发光二极管，V_f 高时发绿光，V_f 低时不亮。R_w 是亮暗反差调节器，保证转子每转一周 LED$_2$ 只允许亮一次。

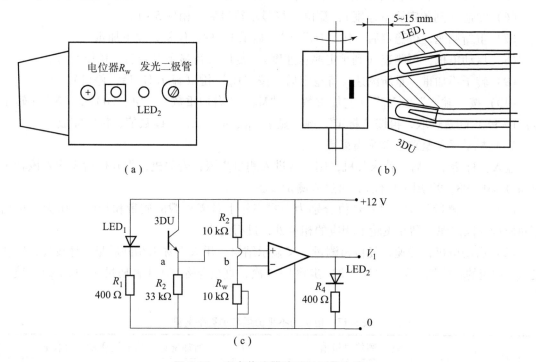

图 5.39 光电传感器外形及测量电路

5. 滤波器简介

滤波器是用来滤除噪声干扰信号、放大振动信号的仪器。分布在飞轮下方基座上的两个振动传感器，分别感应出 V_1、V_2 两路振动信号。此信号中还混有大量的干扰噪声信号，包括轴承振动、基础振动、电磁辐射、随机振动等。为此，先对两路信号进行低通滤波，即通过双二阶跟踪滤波器，滤除信号中的高频噪声，信号滤波后，幅度降低，再通过程控放大器 1、2 做进一步放大；而后再通过恒带宽跟踪滤波器进行二次滤波，再通过程控放大器 3、4 做进一步放大，至此信号才是放大了的 V_1、V_2 的振动信号。

三、实验仪器、设备

自制动平衡仪、示波器、滤波器、磁电式速度计（压电式加速度计）、光电传感器、天平和砝码、橡皮泥、测振表。

四、实验步骤

1. 动平衡仪的标定

由实验原理知，测量不平衡量 M_1、M_2 是通过测量电机飞轮上的振动 V_1、V_2 实现的，故

标定就是确定 M_1、M_2 与 V_1、V_2 之间的关系。

（1）开机预热 5 min。

（2）在转子 0°位置上左加重（小螺栓用砝码称出质量一般为 3 g 左右），启动电机。

（3）测速（到预定测量速度），复位（待显示符号后，稍候 5 s）。

（4）重新测速，待稳定后，按"H_1"键（显示 H_1 后，停机，取下加重）。

（5）在转子 0°位置上右加重（3 g 左右），启动电机。

（6）测速（到预定测量速度），复位（待显示符号后，稍候 5 s）。

（7）重新测速，待稳定后，按"H_2"键（显示 H_2 后，停机，取下加重）。

（8）启动电机，再测速（到预定测量速度），复位（待显示符号后，稍候 5 s）。

（9）转子不加重，重新测速，待稳定后，按"H_0"键（显示 H_0 后，停机）。

（10）按"输入"，"M_L"（左加重数），"M_R"（右加重数），"ϕ_0（0）"，"N"（转子号：1~98）随意选取，再按"标定"键，显示 A_{11}、A_{12}、A_{21}、A_{22} 数值，标定完成。

2. 电机动平衡量测量及平衡配重

输入：标定结束后，若未关机，则直接进入测量步骤；若关机，则开机后先输入该转子的编号（0~98，99 用于自校），再进入测量步骤。

（1）按"测量"键，显示数值分别为左右飞轮上各需加载的质量和相位。用天平称出相同质量的橡皮泥，贴在飞轮上相应的相位处，进行配重。

（2）启动电机，测速，复位再测量，又显示结果，用天平称出相同质量的橡皮泥，贴在飞轮上相应的相位处。重复（1）（2）步骤 1~4 次，直至合格（不平衡质量 $m < 0.2$ g）。填写表 5.17。

表 5.17　电机的不平衡量与加重平衡量

实验	动平衡仪测量值				所加配重（橡皮泥质量）和位置			
	M_1	ϕ_1	M_2	ϕ_2	M_1	ϕ_1	M_2	ϕ_2
No. 1								
No. 2								
No. 3								
No. 4								
No. 5								

（3）用测振表测出最后一次配重后左右飞轮的垂直与水平方向的振动量。

（4）再一次次撤掉每次左右配重，分别测出每次电机振动量的大小。填写表 5.18。同时观察每次配重时，滤波器一、二级滤波的输出波形情况并画出 1、2、3、4、5、6 六点波形图（图 5.40）。

表 5.18　电机的不平衡量和振动量

实验	动平衡仪测量值				测振表测量电机的振动值			
	M_1	ϕ_1	M_2	ϕ_2	$V_L\updownarrow$	$V_L\leftrightarrow$	$V_R\updownarrow$	$V_R\leftrightarrow$
No. 1								
No. 2								
No. 3								
No. 4								
No. 5								

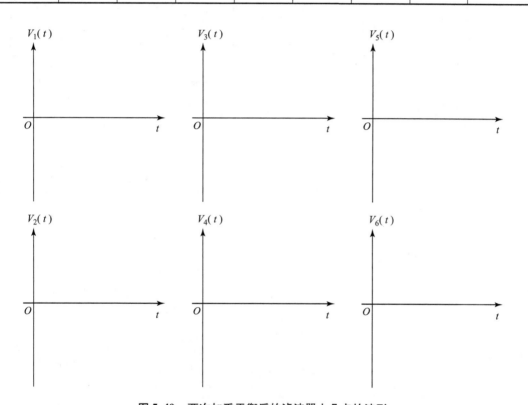

图 5.40　两次加重平衡后的滤波器上几点的波形

五、思考题

（1）试用实验数据说明振动与不平衡的关系。

（2）说明滤波器的作用。

（3）实验过程中，如果橡皮泥被甩掉，在不停机的情况下如何获知？

（4）举出日常生活中所遇到的旋转物体由于不平衡而产生振动的例子，并试用本仪器进行动平衡测试（画出示意图）。

六、注意事项

（1）动平衡仪使用时首先要对整个系统进行标定，为使标定结果精确，要采取精测的方法。

（2）测量时，要等到动平衡仪指示值保持不变时再进行读数。

（3）实验中，要时刻注意测量的幅值不能超限，否则结果就是不准确的。

第 6 章　综合实验及实训

6.1　机械装备安装中的轴对中检测与调试技术

一、实验目的

(1) 了解激光轴对中仪的结构、组成及测量原理。
(2) 掌握激光轴对中仪测量轴对中误差及数据处理的方法。
(3) 掌握激光轴对中实验装置的正确安装和调试。

二、实验原理

1. 轴对中误差定义

轴不对中一般可分为水平和垂直两个方向，而每个方向又分为三种情况，如图 6.1 所示。

(1) 两连接轴的轴线平行（或垂直）位置发生偏移，称为平行（或垂直）不对中，如图 6.1 (a) 所示。
(2) 两连接轴的轴线交叉成一角度，称为角度不对中，如图 6.1 (b) 所示。
(3) 两连接轴的轴线既有平行（或垂直）位置的偏移又存在轴线角度的交叉，称为综合不对中，如图 6.1 (c) 所示。

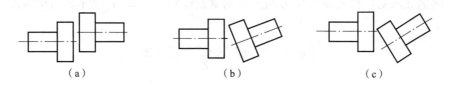

图 6.1　转子的不对中形式
(a) 平行（或垂直）不对中；(b) 角度不对中；(c) 综合不对中

2. 时钟法测量机械对中的基本原理

本实验中，激光轴对中仪采取时钟法测量对中误差，即两点定标、两点测量的方案。在 9 点钟方向（270°）和 3 点钟方向（90°）进行定标，定标完成后可以根据现场的实际情况选择在 3 点钟或者 12 点钟方向进行实时测量调整。测量位置的示意图如图 6.2 所示。

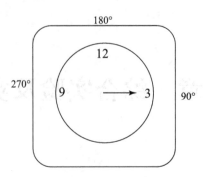

图 6.2 时钟法测量位置示意图

注：3 点钟、9 点钟和 12 点钟位置与日常所用的时钟表盘 3 点、9 点和 12 点分别相对应。其中，3 点钟、9 点钟测量为定标，确定了主动轴和从动轴之间的位置关系，即确定两激光束之间的位置偏差，是完成轴对中测量的关键。

在实际测量中，由于安装误差和机械结构的偏差，两旋转轴在完全对中的情况下，两激光束没有正好打在相应 PSD 的中心而会产生偏离，即存在一个初始偏移量偏差。所谓定标，就是确定这个原始偏差的过程。

依据时钟法测量原理，这个偏差可以用式（6.1）来表示。其中 x'_{L0}、y'_{L0}、x'_{R0}、y'_{R0} 表示左右 PSD 的偏差大小。

$$\begin{cases} y'_{L0} = \dfrac{y_{L90} + y_{L270}}{2} \\ x'_{L0} = \dfrac{x_{L90} + x_{L270}}{2} \\ y'_{R0} = \dfrac{y_{R90} + y_{R270}}{2} \\ x'_{R0} = \dfrac{x_{R90} + x_{R270}}{2} \end{cases} \quad (6.1)$$

实际测量中通过在 270° 和 90° 两个方向的坐标值进行定标，可以得到 x'_{L0}、y'_{L0}、x'_{R0}、y'_{R0}，然后将激光轴对中仪放在 180° 方向实时测量就得到式（6.2）所示轴对中误差。（实验仪器已经显示出）

$$\begin{cases} R_y = -\dfrac{y_{L180} + y_{R180} - y'_{L0} - y'_{R0}}{2} \\ R_x = \dfrac{-x_{L180} + x_{R180} + x'_{L0} - x'_{R0}}{2} \\ e_y = \dfrac{-y_{L180} + y_{R180} + y'_{L0} - y'_{R0}}{2} \\ e_x = -\dfrac{x_{L180} + x_{R180} - x'_{L0} - x'_{R0}}{2} \end{cases} \quad (6.2)$$

3. 调整量的计算

实际应用中，当通过联轴器连接的两轴存在对中误差时，为使主动轴和从动轴的两轴心线共线，一般需要对从动轴进行调整，让两轴的轴心线达到或接近共线状态。

在实际应用中,通过调整与从动轴直接相连的电动机的地脚,来完成对从动轴的调整。如图6.3所示,当地脚在水平方向和垂直方向上移动时,R_y、R_x、e_y、e_x的值将发生变化,通过计算即可求得对应的地脚调整量。

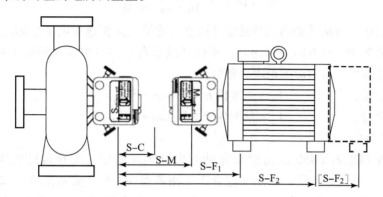

图 6.3 轴对中需要测量的各个距离

注:图6.3中距离的定义:

S-M:两个测量单元之间的距离。

S-C:S测量单元到联轴器中心线的距离。

S-F_1:S测量单元到调整设备前地脚中心线的距离。

S-F_2:S测量单元到调整设备后地脚中心线的距离,注意该值必须大于S-F_1的值。

[S-F_2]:如果调整设备有3对或3对以上的地脚,可以在测量完成后输入新的S-F_2的值,系统自动计算新的垫平值和调整值。这对于多地脚设备的对中调整是非常有意义的。

4. 激光对中的计算

激光对中的计算基于基本的三角几何原理,图6.4描述了计算的数学方法。

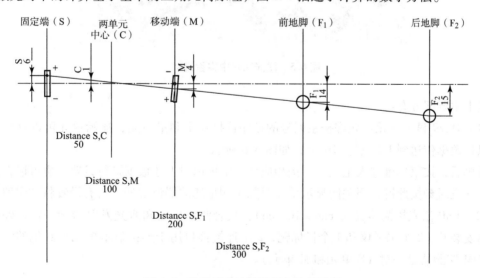

图 6.4 激光对中计算的三角几何原理

由图6.4可求得两连接轴水平及垂直方向的偏差和角度偏差公式为

$$平行(垂直)偏差 = \left(\frac{M-S}{\text{Distance S,M}} \times \text{Distance S,C}\right) + S \qquad (6.3)$$

$$角度偏差 = \frac{M-S}{\text{Distance S,M}} \qquad (6.4)$$

在实际应用中，对从动轴的调整是通过调整与此轴直接相连的电动机的地脚来完成的，当地脚在水平方向和垂直方向上移动时，平行（或垂直）不对中以及角度不对中的值将发生变化，通过计算可求得对应的地脚调整量。

前地脚调整量： $F_1 = 角度偏差 \times \text{Distance S}, F_1$ （6.5）

后地脚调整量： $F_2 = 角度偏差 \times \text{Distance S}, F_2$ （6.6）

5. 激光轴对中实验仪介绍

本实验中采用瑞典 D450 简易型激光轴对中仪实现测量。实验器材组成如图 6.5 所示，主要包括：1 个 D279 显示单元（包含 2 个测量程序，5 个辅助程序）、2 根快速接头电缆（2 m）、2 个激光测量单元（10 mm×10 mm）、2 套延长杆、2 个 V 形安装支架、2 套安装链条。

图 6.5 激光轴对中实验器材

其中主要部分有：

（1）D279 显示单元：允许按系列号的顺序连接 4 个测量单元，显示单元可以存储数据并可以将数据传送到 PC 或打印机上，如图 6.6 所示。

开机后，按菜单键进入主菜单，按相应数字键可以对上述数据进行设置，也可以在测量过程中任意时刻按此键，当关闭显示单元时除了测量滤波器设置外，所有设置将被保留。

（2）PSD 激光探测器（10 mm×10 mm）：集合测量单元和激光发射器为一体，外壳有一系列安装孔、2 个水平仪和 1 个目标靶，2 个连接接口用于连接显示单元和其他的测量单元，TDM 探测器是一对（S 单元和 M 单元）。

三、实验仪器、设备

激光对中仪、直尺。

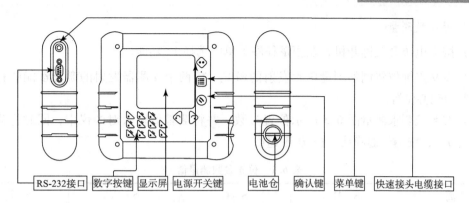

图 6.6　D279 显示单元说明

四、实验步骤

1. 链条及测量单元的安装并固定

安装时，将链条套在 V 形支架上，然后利用轴固定器捆绑在轴上，将延长杆拧在 V 形支架的螺孔上，用小扳手拧紧，然后将探测器（测量单元）安装在延长杆上，将探测器上的锁紧旋钮拧紧，如图 6.7 所示。

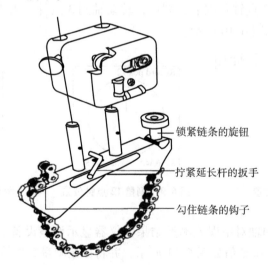

图 6.7　链条及测量单元的安装

注意：安装探测器时，需要将带有"S"或"M"标记的一侧朝上，两个探测器面对面安装。

2. 利用激光对中仪进行设备粗调

当设备对中情况很差时，激光束可能打到对面测量单元的接收靶区外，如果发生这种情况，就必须进行设备的粗略对中。粗略对中步骤（以 M 单元照射到 S 单元为例）：

（1）固定测量单元。

（2）转动固定着测量单元的轴到 9 点钟位置，调整激光束到对面关闭的目标靶的中心。

（3）转动固定着测量单元的轴到 3 点钟位置，检查激光束打在对面靶区上的位置，调整激光束到靶心距离的一半。调整移动端设备，使激光束打到靶心。

（4）S 单元照射到 M 单元同理进行调整。

3. 位置参数测量

（1）按下电源开关键开机，在测量程序菜单中选择 11 功能。

（2）在9点钟位置调整测量单元发射的激光，使两个探测器发射的激光都能够打到对面探测器的靶心位置。

（3）按系统要求测量图 6.3 所示位置参数，并将测量值输入对中仪中，同时将输入参数填入表 6.1，按 ◉ 键确认，按 ◁ 键返回。

表 6.1 位置参数测量值

距离	S－M	S－C	S－F_1	S－F_2
测量值/mm				

4. 实际测量

（1）9点钟：转动设备并观察水平仪指示值，当到达9点钟位置时，打开目标靶，按确认键，记录第一次测量值（确认按 ◉ 键，重新测量请按 ◁ 键），如图 6.8 所示。

（2）12点钟：得到9点钟的数据后，同理，转动轴到12点钟，当指针指向12点钟时，按确认键，记录测量值，如图 6.9 所示。

（3）3点钟：得到12点钟数据后，同理，转动轴到3点钟，当指针指向3点钟时，按确认键，记录测量值，如图 6.10 所示。

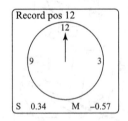
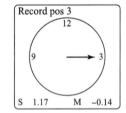

图 6.8　测量9点钟位置　　图 6.9　测量12点钟位置　　图 6.10　测量3点钟位置

（4）记录被测对象的轴对中误差测量结果：仪器显示调整设备的水平方向和垂直方向的平行偏差、角度偏差、调整值如图 6.11 所示，并将原始测量数据填入表 6.2。

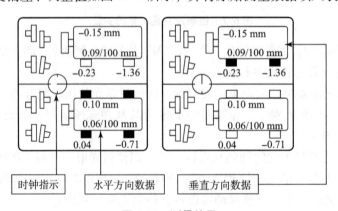

图 6.11　测量结果

表 6.2 原始测量结果

水平方向	水平方向平行偏差	水平方向角度偏差	水平方向地脚调整值
垂直方向	垂直方向平行偏差	垂直方向角度偏差	垂直方向地脚调整值

（5）前、后地脚的调整：根据表6.2结果调整水平方向地角偏移量，反复调整水平位置，使水平方向偏差为最小，将测量结果填入表6.3。

表 6.3 调整后测量结果

水平方向	水平方向平行偏差	水平方向角度偏差	水平方向地脚调整值
垂直方向	垂直方向平行偏差	垂直方向角度偏差	垂直方向地脚调整值

（6）实验结果评定：根据国家标准规定的容差范围（国家标准见表6.4），评定调整后的水平及垂直偏差是否达到要求。如果偏差未满足国家标准，请分析原因。

表 6.4 容差范围

转速	0~1 000	1 000~2 000	2 000~3 000	3 000~4 000	>4 000	r/min
平行偏差	3.5	2.8	2.0	1.2	0.4	mil①
	0.09	0.07	0.05	0.03	0.01	mm
角度偏差	0.9	0.7	0.5	0.3	0.1	mil/in②
	0.09	0.07	0.05	0.03	0.01	mm/100 mm

五、思考题

（1）为什么可以把PSD传感器称为坐标光电池？

（2）轴对中误差与圆柱度误差有何区别？各应用在哪些场合？

六、注意事项

（1）在测量过程中，要保证9点钟、12点钟、3点钟3个位置激光都照射在接收靶心区域内。

（2）在测量过程中，激光不可以再调整。

（3）轴是否转动到9点钟、12点钟、3点钟位置，要观测探测器上的水平仪，当水平仪的气泡在两个黑色刻线中间位置时，说明轴已经转动到合适位置。根据测量结果判断设备是否有不对中的情况，并按仪器显示的垂直和水平方向的数据添加或减少垫片，对设备进行调整，直到所有的基准端联轴器示意图全部变为黑色。

---

① 1 mil = 0.025 4 mm。

② 1 in = 25.4 mm。

（4）如果垂直方向地脚调整数据显示为"＋"，表示需要减少垫片；如果是"－"，表示需要添加垫片。如果水平方向地脚调整数据显示为"＋"，表示需要向9点钟方向调整；如果是"－"，表示需要向3点钟方向调整。

（5）当进行设备调整时，平行偏差和角度偏差以及地脚调整数据会实时变化，当平行偏差和角度偏差数据变化到允许偏差范围内时，可以结束调整。

（6）调整水平方向时，测量单元必须在3点钟位置，调整垂直方向时，测量单元必须在12点钟位置，才能够正确地实时观察数据变化。

6.2 机械零件超声波无损检测与探伤技术

一、实验目的

（1）了解超声波探伤仪的组成及工作原理。
（2）选择合适的探头和工件完成机械零件无损检测与探伤技术训练。
（3）学习对测量结果的分析处理方法。

二、实验原理

超声波探伤是无损检验的主要方法之一。它是利用材料本身或内部缺陷的声学性质对超声波传播的影响，来测定材料性质以及探测材料内部和表面缺陷（如裂纹、气泡、夹渣等）的大小、形状和分布状况。

利用纵波进行探伤的方法称为纵波探伤法。它是超声波中应用较为普遍，易于掌握的一种方法。纵波探伤是将探头放在探测面上，电脉冲激励的超声波脉冲通过耦合剂耦合进入工件，如果工件中无缺陷，它可以一直传播到工件的底部，如果底面光滑且平行于被侧面，则按照反射原理，超声波脉冲通过底面发射回探头，探头又将返回的声脉冲变为电脉冲，由仪器显示出来；如果工件中有缺陷，超声波脉冲的一部分通过缺陷反射回探头，其余部分到达底面后再返回探头。

三、实验仪器、设备

图6.12所示为实验用SUB100系列超声波探伤仪，专为满足无损检测工程人员使用而设计，同时使用A扫和B扫两种扫描模式，能快速准确无损伤地检测、定位、评估和诊断各种损伤、裂纹以及夹杂在工件内部的气孔等缺陷，广泛应用于航天、军工、机械制造和高校实验室等领域。

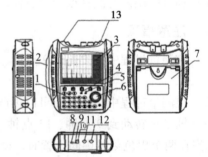

图6.12　SUB100系列超声波探伤仪
1—键盘；2—手持护带；3—TFT真彩数字显示屏；
4—电源指示灯；5—报警指示灯；6—数码飞梭旋钮；
7—支架；8—USB通信口；9—复位关机孔；10—充电插孔；11—接收端口；12—收/发端口；13—防护盖

1. 主要特点

（1）100个独立探伤通道，可自由设置和存储多种探伤工艺和标准，现场探伤无须携带试块，工作效率高。

（2）方波脉冲发生器：幅值和脉宽可调，适用于探测不同材料、不同深度工件的缺陷。

（3）具备 A 扫和 B 扫两种扫描方式；具备闸门内峰值自动捕捉功能。

（4）拥有直探头、斜探头自动校准功能，使用简单方便。

（5）可将波形 19 和通道参数直接存储到 U 盘中，也可通过盘－盘拷贝的形式将已存储在探伤仪内的数据一次倒入 U 盘中，然后通过上位机软件对波形和数据进行处理。

（6）大容量锂电池，低功耗设计，可连续工作 20 个小时以上。

2．主显示界面简介

SUB100 系列探伤仪主要有两种显示界面，分别为回波界面和设置界面。回波界面主要由回波显示区、主菜单区、子菜单区和基本信息显示区等构成，如图 6.13 所示。

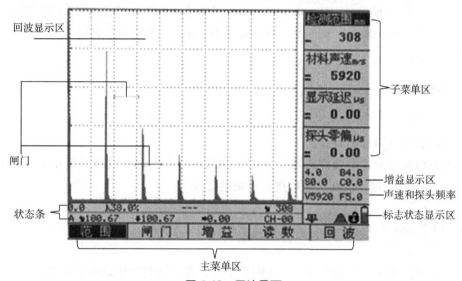

图 6.13　回波界面

3．实验用探头及试块

1）探头

（1）直探头用于发射和接收纵波，主要用于探测与探测面平行的缺陷，如板材、锻件探伤等，如图 6.14 所示。

（2）斜探头由斜块、压电晶片、吸声材料、外壳、插座等组成。图 6.15 所示为实验用的斜探头。超声波的发射/接收由压电晶片完成；斜探头主要用于横波探伤。斜块的作用是实现波形的转换。

图 6.14　蓝色直探头

图 6.15　斜探头

2）荷兰试块

IIW 试块（V-1试块）也叫荷兰试块，图 6.16 所示为实验用的 IIW 试块，是由国际焊接学会（IIW）通过，国际标准化组织（ISO）推荐使用的国际标准试块。材质：不锈钢、铝合金。使用要点：

（1）利用厚度为 25 mm 的试块可测定探伤仪的动态范围、水平线性及调整纵波探测范围。

（2）利用 φ50 圆弧和 φ1.5 通孔测定斜探头折射角及纵波直探头的灵敏度余量，还可粗略估计直探头的盲区大小及测定仪器与探头组合后的穿透能力。

图 6.16 IIW 试块

（3）利用测距为 85 mm、91 mm 和 100 mm 三个槽口平面可测定直探头的纵向分辨力。

在本实验中，主要来确定 85 mm、91 mm 和 100 mm 三个槽口平面的缺欠定位和测试缺欠范围相对大小。

四、实验步骤

1. 直探头校准

1）直探头校准的目的

在探测不同材料时，得到探头零点（探头防磨层、发射同步的误差等引起的延迟，以 μs 为单位）和材料声速，以便对缺陷进行准确的定位。

2）实验条件

CSK-IA 试块；超声波探伤仪测试探头：直探头 2.5 MHz，φ20；耦合剂。

3）注意事项

实验时，纵波探头一般为直探头，为圆形平面，在探测时要注意以下几点：

（1）探测时，探头晶片与被测面的接触面积要尽量大。

（2）探测时，手对探头的压力要均匀。

（3）探测时，保证进入被测件的超声波可以经过已知缺陷。

（4）耦合剂要尽量多。

4）实验步骤

实验前准备：连接直探头和探伤仪，在图 6.17 中的 B 位置试块表面涂抹耦合剂，让探头与试块一直保持耦合。

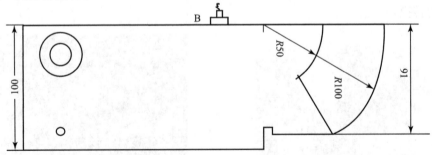

图 6.17 试块结构及校准时探头放置位置

(1) 开机并按参数键,解锁仪器,选择通道。

选择参数"通道",旋转旋轮进行通道选择:选择空白通道,并清空该通道。通道前显示"○"表示通道未占用,若圆为实心,则需要按"↓"找到"通道清除"项,按确定键"⏎"即可清空通道;看通道是否锁定,找到右下角的🔒(此状态为锁定状态)小图标,单击"参数"可看到锁定标志,单击"确定"键可解锁,在解锁状态下才能进行校准。

(2) 单击"调校"键,进入调校操作界面。

选择"探头"主菜单,在它的"探头类型"子菜单中设置探头类型为直探头,输入探头频率 2.5 MHz,晶片尺寸 $\phi20$。

选择"校准"主菜单,再选择"自动校准"子菜单,单击"确认"键或旋轮按照提示开始自动校准。依次单击"确认"键;设置探头零偏采用默认值,一点声程设为 100 mm,二点声程设为 200 mm,此时发现两个闸门分别自动套住了两点的最高回波。最后单击"确认"键完成自动校准。

(3) 通道存储:选择通道键存储。

可选择保存通道参数,单击"存储"键,选择通道存储,以便下次使用同样的探头,同样的试块或者工件无须重复校准。将校准结果记录在表 6.5 中,并将校准界面拍照或导出图形界面。

表 6.5　直探头校准结果

探头零偏/μs	材料声速/(m·s^{-1})

2. 直探头 85 mm、91 mm 及 100 mm 处回波缺陷定位

1) 实验目的

进行试块的缺陷定位,如图 6.18 所示为试块结构及缺陷所处位置显示。

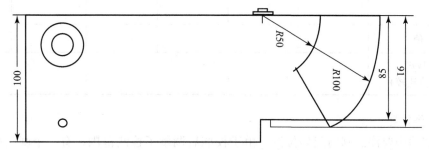

图 6.18　试块结构及缺陷位置

2) 实验条件

CSK-IA 试块;超声波探伤仪;测试探头:直探头 2.5 MHz,$\phi20$;耦合剂。

3) 实验步骤

调校结束后直接测量或使用以前保存的通道参数,将探头放在图 6.18 所示位置。

选择"基本"按钮,探伤仪界面上会出现"范围""闸门""增益"等标示,如图 6.19 所示。按"H1"可调节检测范围,调节旋钮改变范围至 100 mm,使缺陷回波处于屏幕合适位置。按"H2"可选择闸门,通过旋轮可进行 A、B 闸门的切换。选定闸门后,调节闸门

起始位置、闸门宽度、闸门高度（可单击旋轮，进行步距调节），选择闸门 A 或 B 合适的宽度和高度。移动闸门分别套住三个缺陷回波，读取实验结果，记录相应位置，填入表 6.6，并拍摄图片或导出图形。

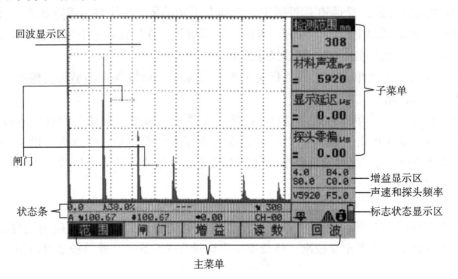

图 6.19　主菜单

表 6.6　探伤结果及缺陷定位　　　　　　　　　　　　　　　　　　　　　　　mm

实验	缺陷 1（85 mm 处回波）		缺陷 2（91 mm 处回波）		缺陷 3（100 mm 处回波）	
	位置	波高	位置	波高	位置	波高
第一次						
第二次						
第三次						
平均值						
测量误差（与理论值比较）						

4）注意事项

（1）实验中要注意闸门起始位置，由于校准后调整了检测范围，有一个闸门可能不在界面范围内，可以选中在界面中的闸门进行实验，或通过调节闸门起始位置使没有显示的闸门移动到界面内。

（2）当回波波幅较小时，选择"H3"增益，通过旋轮适当调节增益大小，可以看到波幅明显增大，增益太大会有噪声出现，使缺陷高度合适即可。

（3）缺陷回波位置为闸门宽度范围内回波最高处的坐标，闸门高度必须在回波最高处以下。注意闸门最好不要套住两个或多个回波，避免在闸门范围内定位错误，因为闸门内读的是最高回波处坐标位置，可通过调节闸门宽度避免。

五、思考题

(1) 超声波探伤的基本原理是什么?
(2) 使用探头前为什么要校准?

六、注意事项

(1) 调校时若没有回波,可能是由于线路接触不良或者探头耦合剂不够。
(2) A、B 闸门分别套住的是试块 100 mm 处的一次回波和二次回波,中间的为侧壁变形波。
(3) 读数方法:利用图 6.20 可以读出反射回波声程,即反射位置。

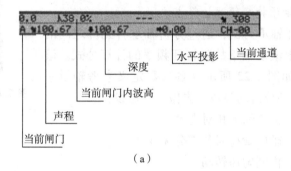

(a)

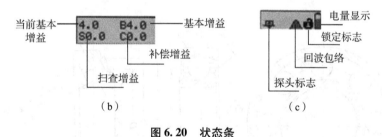

图 6.20 状态条

(a) 状态条;(b) 增益显示;(c) 标志状态显示

6.3 轴承故障检测实训

一、实验目的

(1) 掌握轴承振动测量仪的工作原理及使用方法。
(2) 进行实际轴承故障检测训练。
(3) 了解轴承故障的评价原理及方法。

二、实验原理

本实验所用 S0910 型轴承振动测量仪为检测轴承振动的专用仪器。轴测量仪将轴承故障信息通过传感器检测和后继处理电路处理,通过轴承故障的共振解调法可以确定故障的幅值及频率范围,进而可以分析出轴承的故障位置。

1. 实验仪器

实验装置如图 6.21 所示。S0910 型轴承测量仪是检测轴承振动的专业仪器。仪器主要由电箱(测量放大指示部分)、驱动器(主轴系统)、推力器(轴承加载装置)、传感器、润滑系统和加热装置等部分组成。驱动器(主轴系统)选用单轴全密封大油室高精度滑动轴承系统和强制润滑式,改善了润滑,降低了主轴系统的温升,提高了主轴回转精度和稳定性。

图 6.21 S0910 型轴承测量仪

2. 实验中所用轴承特征频率计算方法

下面以角接触球轴承为例,通过分析轴承各元件之间的相对运动关系来推出滚动轴承故障特征频率的计算公式。滚动轴承的几何参数如图 6.22 所示(各参数定义参考轴承手册)。为分析轴承各部分运动参数,先做如下假设:

(1) 滚道与滚动体之间无相对滑动。
(2) 承受径向、轴向载荷时各部分无变形。
(3) 外圈不动,内圈匀速转动。

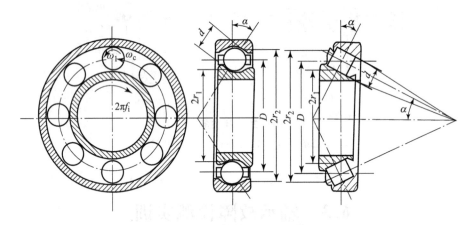

图 6.22 轴承旋转机构示意图

根据以上假设计算给定轴承的特征频率:

根据轴承的几何参数及给定的 S0910 型轴承测量仪主轴转速,代入表 6.7 中的特征频率计算公式得出实际被测轴承故障频率。

表 6.7　轴承故障频率

1	轴承基频	$f_s = n/60$
2	内圈引起轴承振动频率	$f_i = z(f_s - f_c) = \dfrac{z}{2}\left(1 + \dfrac{d}{D}\cos\alpha\right)$
3	外圈引起轴承振动频率	$f_o = zf_c = \dfrac{z}{2}\left(1 - \dfrac{d}{D}\cos\alpha\right)f_s$
4	滚动体引起轴承振动频率	$f_r = f_b = \dfrac{D}{2d}\left[1 - \left(\dfrac{d}{D}\right)^2\cos^2\alpha\right]$
5	保持架引起轴承振动频率	$f_c = \dfrac{f_s}{2}\left(1 - \dfrac{d}{D}\cos\alpha\right)$

需要说明的是，滚动体的通过频率，实质上是滚动体无相对滑动时的自转频率，如果滚动体上有一处损伤，它自转一周会与轴承的内、外滚道分别碰撞一次，也就是说滚动体自转一周会发生两次碰撞，那么对于滚动体损伤的轴承的故障频率应是滚动体通过频率的 2 倍。

三、实验仪器、设备

轴承测量仪。

四、实验步骤

1. 计算实验中所用故障轴承的特征频率

实验中，利用 6204Z 故障轴承进行测量。其几何参数 $Z = 8$，$d = 7.938$，$D = 33.5$，$\alpha = 0°$。S0910 型轴承测量仪主轴转速 $N = (1\,500 \pm 30)$ r/min，转化为频率得到主轴频率 $f_i = 25$ Hz。将以上参数代入通过频率的计算公式（表 6.7），得到轴承故障频率的理论计算值，如表 6.8 所示。

表 6.8　轴承故障频率

1	外滚道通过频率	76.3 Hz
2	内滚道通过频率	123.7 Hz
3	滚动体通过频率	49.8 Hz

2. 实验方法

（1）打开机体后门将随机提供的特制 2# 主轴润滑油倒入油泵油箱中（约 4 kg），并排除油管中的空气。

（2）接好仪器电源线、电箱电源线（外接示波器和音响电源）。

（3）按油泵启动按钮，待几秒钟后，回油管应有油回流至油箱内，油路工作正常。

（4）将被测轴承的芯轴插入"主轴"锥孔中；松开传感器支架轴向移动锁紧手柄、旋转水平调节手柄，使传感器传振杆轴线位于被测轴承外套宽度的中间位置后，锁紧传感器支架轴向移动锁紧手柄，锁定传感器支架。

（5）松开传感器套锁紧手柄，调整传感器套，使传感器传振杆与被测轴承外套接触后，再下压 1 个刻度，即 1 mm，锁紧传感器套锁紧手柄。传感器测力调整完毕。检测微型轴承时，可下压半个刻度，即 0.5 mm 左右即可。

（6）按主轴启动按钮，主轴启动按钮灯亮，电动机通过 O 形橡胶带带动主轴顺时针方向旋转；记录电箱数据于表 6.9 中，计算各特征值大小并判断故障产生的原因。

（7）重复上述步骤，完成多个轴承测量。同时每个轴承测量 0°、90°、180°、270°四个位置。

表 6.9 被测轴承测量值

	1	2	3	4	5	6	7	8	9	10	均值
1 号外圈 0°											
峰值											
A											
H											
M											
L											
1 号外圈 90°											
峰值											
A											
H											
M											
L											
1 号外圈 180°											
峰值											
A											
H											
M											
L											
1 号外圈 270°											
峰值											
A											
H											
M											
L											

五、思考题

（1）为什么测量过程中高频、中频、低频值有偏差？哪些因素会影响这些偏差？

（2）实验过程中，传感器如何操作？有什么要求？

六、注意事项

（1）S0910 型轴承测量仪使用时一定要施加润滑剂。

（2）安装传感器时，使传感器传振杆与被测轴承外套接触后，再下压 1 个刻度（1 mm）即可锁紧传感器套锁紧手柄。

第 7 章　基于 LabVIEW 的实验设计与开发

7.1　实验用硬件简介

7.1.1　Nextboard 实验平台简介

Nextboard 是泛华恒兴为工科院校师生打造的用于工程教学的实验平台，如图 7.1 所示。平台基于虚拟仪器技术，配合泛华恒兴及第三方自主开发的实验模块，可以完成传感器、电工、通信原理、基础物理、控制原理等课程实验，更能让学生自己动手在平台上搭建电路，并自行设计实验及模块。在课堂教学之外，培养学生的动手和创新能力。

Nextboard 通用工程教学实验平台需要连接 NI（美国国家仪器）M、X 系列数据采集卡使用。在面对不同的学科实验时，需要另外搭载不同的实验模块。正是由于这种通用性，Nextboard 适合多学科的教学实验室、创新性实验室建设。

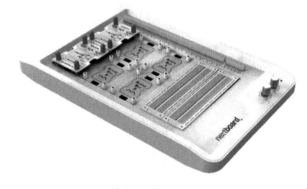

图 7.1　Nextboard

性能指标：具有 6 个独立的实验插槽，支持 6 种不同的实验联动工作。其中，模拟插槽 4 个，数字插槽 2 个。

每个模拟插槽包括模拟输入通道数 4 个、模拟输出通道数 2 个（4 个插槽共用）。

每个数字插槽包括数字插槽 2 个（static）、IO 插槽 7 个（static）、脉冲输入通道 1 个、脉冲输出通道 1 个。

图 7.2 所示为每个通道插槽占用 DAQ 的可用资源列表。如 Analog Slot 1 共有 4 个模拟采集通道，分别对应于数据采集卡（DAQ 资源）的 AI2、AI10、AI3、AI11。四个通道在 Nextboard 上 68 针接线端子的位置分别为 65、31、30、63。

可使用的数据采集卡：NI M 系列、X 系列多功能数据采集卡，PCI、PCIe、PXI、USB 等总线类型均可。采集卡具有 68 针引脚，带有模拟输出功能，可以作为 NI 数据采集卡接线端子，配合实验使用；可为实验提供 5 个电压等级的大功率独立电源面包板，支持自搭电路，支持多种泛华恒兴及第三方推出的理工科实验模块。

第 7 章 基于 LabVIEW 的实验设计与开发

Analog Slot 1
插槽可用资源与DAQ资源对照表

AS1编号	DAQ资源	DAQ编号
AI 0	AI 2	65
AI 1	AI 10	31
AI 2	AI 3	30
AI 3	AI 11	63
AO 0	AO 0	22
AO 1	AO 1	21
D 0	P 1.1	10
D 1	P 0.2	49

电源及其最大电流参数

电源等级	最大额定电流（A）
+5VDC	2
+15VDC	1
-15VDC	1
0~+12VDC	0.5
0~-12VDC	0.5

Analog Slot 2
插槽可用资源与DAQ资源对照表

AS2编号	DAQ资源	DAQ编号
AI 0	AI 0	68
AI 1	AI 8	34
AI 2	AI 1	33
AI 3	AI 9	66
AO 0	AO 0	22
AO 1	AO 1	21
D 0	P 1.0	11
D 1	P 0.1	17

电源及其最大电流参数

电源等级	最大额定电流（A）
+5VDC	2
+15VDC	1
-15VDC	1
0~+12VDC	0.5
0~-12VDC	0.5

Analog Slot 3
插槽可用资源与DAQ资源对照表

AS3编号	DAQ资源	DAQ编号
AI 0	AI 6	25
AI 1	AI 14	58
AI 2	AI 7	57
AI 3	AI 15	23
AO 0	AO 0	22
AO 1	AO 1	21
D 0	P 1.5	6
D 1	P 0.5	51

电源及其最大电流参数

电源等级	最大额定电流（A）
+5VDC	2
+15VDC	1
-15VDC	1
0~+12VDC	0.5
0~-12VDC	0.5

Analog Slot 4
插槽可用资源与DAQ资源对照表

AS4编号	DAQ资源	DAQ编号
AI 0	AI 4	28
AI 1	AI 12	61
AI 2	AI 5	60
AI 3	AI 13	26
AO 0	AO 0	22
AO 1	AO 1	21
D 0	P 1.2	43
D 1	P 0.4	19

电源及其最大电流参数

电源等级	最大额定电流（A）
+5VDC	2
+15VDC	1
-15VDC	1
0~+12VDC	0.5
0~-12VDC	0.5

Digital Slot 1
插槽可用资源与DAQ资源对照表

DS1编号	DAQ资源	DAQ编号
D 0	P 2.0	65
D 1	P 2.1	31
D 2	P 2.2	30
D 3	P 2.4	63
D 4	P 1.6	22
D 5	P 2.6	21
D 6	P 0.3	10

电源及其最大电流参数

电源等级	最大额定电流（A）
+5VDC	2
+15VDC	1
-15VDC	1
0~+12VDC	0.5
0~-12VDC	0.5

Digital Slot 2
插槽可用资源与DAQ资源对照表

DS2编号	DAQ资源	DAQ编号
D 0	P 1.3	42
D 1	P 1.4	41
D 2	P 2.3	46
D 3	P 2.5	40
D 4	P 1.7	38
D 5	P 2.7	39
D 6	P 0.6	16

电源及其最大电流参数

电源等级	最大额定电流（A）
+5VDC	2
+15VDC	1
-15VDC	1
0~+12VDC	0.5
0~-12VDC	0.5

图 7.2 DAQ 资源表

Nextboard 软件基于强大的 Nextpad 平台，用户可以在网络上下载后直接使用，免除二次开发的困扰。

7.1.2 Nextsense 模块介绍

传感器教学实验系列 Nextsense 针对传感器教学、虚拟仪器教学等基础课程，设计教学实验模块。Nextsense 系列配合泛华通用工程教学实验平台 Nextboard 使用，可以完成热电偶、热敏电阻、应变桥、霍尔元件等多种传感器的课程教学。同时，也可以利用一种或者几种模块组合，虚拟实际工程对象的状态，利用 DAQ 完成工程信号的数据采集，基于 LabVIEW 编程实现对信号的实时分析与处理。

一、应变桥实验模块

应变桥实验模块分为应变梁和放大器两部分，如图 7.3 所示。本模块属于模拟实验模块，应变梁的应变电阻为 1 kΩ，量程为 1.5 kg；放大器对小信号的放大比为 500 倍，工作温度范围为 0~70 ℃。

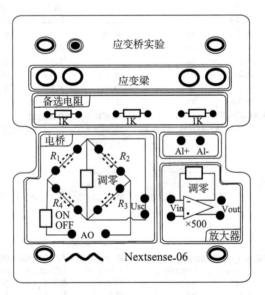

图 7.3　应变桥实验模块

应变梁测力原理：实验模块采用的是双孔悬臂应变梁，如图 7.4 所示，应变梁在力的作用下，R_1、R_2、R_3、R_4 各电阻应变情况分别为 $+\varepsilon$、$-\varepsilon$、$+\varepsilon$、$-\varepsilon$，且在各处数值相同。其中，"+"表示拉应变，"-"表示压应变。

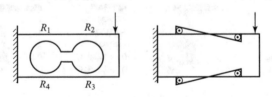

图 7.4　双孔悬臂应变梁受力原理

应变梁测力原理参考 5.2 节实验。工作中，当采用直流电桥全桥接法时，四个桥臂的阻值随被测量而变化，$\Delta R_1 = -\Delta R_2 = \Delta R_3 = -\Delta R_4 = \Delta R$，则其输出电桥电压为

$$U_\text{o} = \frac{\Delta R}{R_\text{o}} U_\text{e} \tag{7.1}$$

全桥接法可以获得最大灵敏度。

二、编码器实验模块

编码器实验模块如图 7.5 所示，其分为编码器和步进电动机两部分。编码器的计数方式为增量式，实验采用步距角为 1.8°的 20 步进电动机作为被测物，可以编程实现步进电动机进行特定角度的转动，为编码器测量提供依据。编码器工作电压在 12~24 V，单圈脉冲数为 200；步进电动机的工作电压为 3.6 V，额定功率为 2 W，转矩保持在 0.02 N·m。

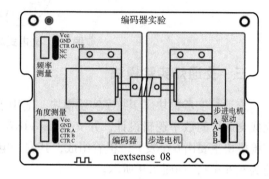

图 7.5　编码器实验模块

1. 步进电动机驱动原理

步进电动机是将电脉冲信号转变为角位移或线位移的开环控制元。当步进电动机驱动器接收到一个脉冲信号，就驱动步进电动机按设定的方向转动一个固定的角度，称为"步距角"。旋转是以固定的角度一步一步运行的。可以通过控制脉冲个数来控制角位移量，从而达到定位的目的；同时，也可以通过控制脉冲频率来控制电动机转动的速度和加速度，从而达到调速的目的。

对于所提供的步进电动机模块，可以选择的工作方式为单步执行或半步执行。单步执行时步距角为 1.8°，如图 7.6 所示，为单步顺时针运动模式，其运动顺序为 A→B⁻→A⁻→B，并以此循环下去，若为逆时针则运动顺序为反向。

同理，对于半步顺时针运动模式，如图 7.7 所示，其运动顺序为 A→AB⁻→B⁻→B⁻A⁻→A⁻→A⁻B→B→BA，并以此循环下去，若为逆时针则运动顺序为反向。

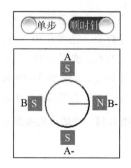

图 7.6　单步顺时针运动模式

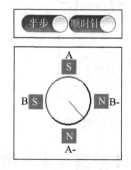

图 7.7　半步顺时针运动模式

2. 编码器驱动原理

旋转编码器是将旋转位置或速度转换成数字信号的机电设备。旋转编码器可以分为绝对型和增量型编码器两种。实验中，使用绝对型编码器会输出旋转轴的位置，可以视为一种角

度传感器，其原理如图 7.8 所示。

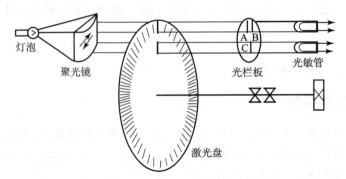

图 7.8　光电式旋转编码器原理

三、交通灯实验模块

交通灯实验模块属于数字实验模块，适用于 Digital Slot，可完成交通灯的数字逻辑设计，并支持 LabVIEW 再开发。交通灯实验模块主要由 6 个发光二极管组成，其发光电压为 1.7 V，电流为 6.6 mA，如图 7.9 所示。

四、光敏电阻模块

光敏电阻模块如图 7.10 所示，左下角为 4 个显示灯，在 4 个显示灯的中间，便是光敏电阻。图 7.11 描述了光敏电阻亮灯数与光强的关系。实验中，利用遮光罩遮蔽显示灯的个数可改变光强的大小。

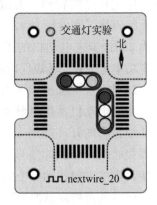

图 7.9　交通灯实验模块

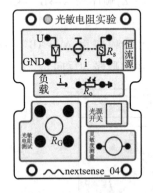

图 7.10　光敏电阻模块

检测值 $\begin{cases} 0\ 个灯亮，光强为 0.53\ \text{lx} \\ 1\ 个灯亮，光强为 10.24\ \text{lx} \\ 2\ 个灯亮，光强为 18.35\ \text{lx} \\ 3\ 个灯亮，光强为 24.54\ \text{lx} \\ 4\ 个灯亮，光强为 29.64\ \text{lx} \end{cases}$

图 7.11　光敏电阻检测值

7.1.3　PCI 数据采集卡简介

数据采集卡即实现数据采集（DAQ）功能的计算机扩展卡，可以通过 USB、PXI、PCI、各种无线网络（zigbee、GPRS）等总线接入计算机平台。根据总线的不同，可分为 PXI/CPCI 板卡和 PCI 板卡。本实验中所用数据采集卡是基于 PCI 总线的板卡，如图 7.12 所示，可以完成模拟量和数字量的采集与处理。

图 7.12　PCI 数据采集卡

7.2　基于 Nextboard 的数据采集及基础实验

实验准备内容：

操作系统：32 位，Windows XP/Vista/7。

内存大小：512 MB 以上。

LabVIEW 要求：LabVIEW 2010 及以上版本。

实验时，首先打开图 7.13 所示的 DAQmx API 函数（打开 LabVIEW 程序面板，在程序框图单击鼠标右键，选择"函数选板"→"测量 I/O"→"DAQmx 数据采集"选项，即可看到相应的 API 函数），接着完成下面一系列实验。

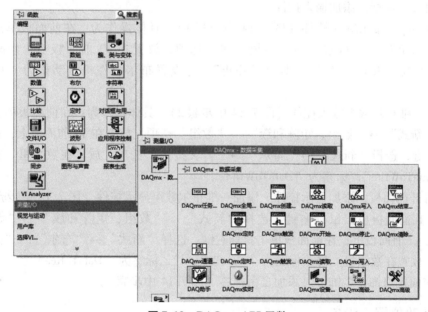

图 7.13　DAQmx API 函数

7.2.1　数字信号设计实验

一、实验目的

(1) 掌握数据采集卡 PCI 6221 数字端口使用规范。

(2) 学会使用 NI DAQmx API 函数控制硬件产生数字信号和采集数字信号。

(3) 掌握 LabVIEW 软件开发环境以及调试方法。

二、实验原理

实验内容：控制 PCI 6221 产生数字信号并实时采集回读信号状态。单击"停止"按钮，程序在 1 s 内停止，硬件停止所有工作。

启动 LabVIEW，打开一个空白的 VI，单击"文件"→"保存"命令，命名为"姓名－实验一.vi"。

前面板设计：数字信号设计实验前面板，如图 7.14 所示。

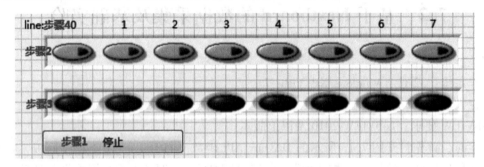

图 7.14　数字信号设计实验前面板

(1) 打开前面板，添加输入控件。

①添加 Stop、布尔输入控件（图 7.14 中步骤 1）。具体操作为：在前面板单击鼠标右键，选择"系统"→"布尔"→"系统按钮"选项，放置在 VI 前面板上。修改标题为"Stop"，标签为"Stop"，布尔文本为"停止"，并设置布尔控件机械动作为"释放时触发"。

②添加一维布尔数组输入控件（图 7.14 中步骤 2）。具体操作为：在前面板单击鼠标右键，选择"新式"→"数组、矩阵和簇"→"数组"选项，放置在 VI 前面板上；在前面板单击鼠标右键，选择"新式"→"布尔"→"开关按钮"选项，放置在数组里。修改数组标题为"DataToWrite"，标签为"DataToWrite"。

(2) 打开前面板，添加显示控件。添加一维布尔数组显示控件（图 7.14 中步骤 3）：具体操作为：在前面板单击鼠标右键，选择"新式"→"数组、矩阵和簇"→"数组"选项，放置在 VI 前面板上；在前面板单击鼠标右键，选择"新式"→"布尔"→"圆形指示灯"选项，放置在数组里。修改标题为"DataToRead"，标签为"DataToRead"。

(3) 前面板修饰、装饰等。添加自由标签（图 7.14 中步骤 4）。

三、实验仪器、设备

采集卡 PCI 6221、PC、LabVIEW 软件。

四、实验步骤

1. 程序框图设计

程序整体框图如图 7.15 所示。

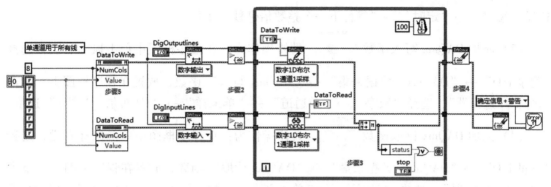

图 7.15 程序整体框图

1）完成 DAQmx 创建虚拟通道函数（图 7.15 步骤 1）

（1）添加 DAQmx 创建虚拟通道函数 。具体操作为：在程序框图中单击鼠标右键，选择"测量 I/O"→"DAQmx - 数据采集"→"DAQmx 创建虚拟通道"选项，放置在程序框图上，单击"多态 VI 选择器"，选择"数字输出"选项。

（2）创建 DAQmx 虚拟通道（DO - 数字输出）函数线输入控件。具体操作为：鼠标右键单击函数左侧线连线端，选择"创建"→"输入控件"选项。修改标题为"数字输出端口"，标签为"DigOutputlines"。

（3）创建 DAQmx 虚拟通道（DO - 数字输出）函数线分组输入控件。具体操作为：鼠标右键单击函数左侧线分组连线端，选择"创建"→"常量"选项，选择单通道用于所有线。

2）完成 DAQmx 虚拟通道（DI - 数字输入）函数

（1）添加 DAQmx 创建虚拟通道函数 。具体操作为：鼠标右键单击程序框图，选项"测量 I/O"→"DAQmx - 数据采集"→"DAQmx 创建虚拟通道"选项，放置在程序框图上，单击"多态 VI 选择器"，选择"数字输入"选项。

（2）创建 DAQmx 虚拟通道（DI - 数字输入）函数线输入控件。具体操作为：鼠标右键单击函数左侧线连线端，选择"创建"→"输入控件"选项。

（3）修改标题为"数字输入端口"，标签为"DigInputlines"。

（4）创建 DAQmx 虚拟通道（DI - 数字输入）函数线分组输入控件。具体操作为：鼠标右键单击函数左侧线分组连线端，直接和单通道用于所有线连接。

3）完成 DAQmx 开始任务函数（图 7.15 中步骤 2）

（1）添加 DAQmx 开始任务函数 。具体操作为：在程序框图中单击鼠标右键，选择"测量 I/O"→"DAQmx - 数据采集"→"DAQmx 开始任务"函数。

（2）再次添加，如图 7.15 所示连接各个函数。

4）完成 While 结构（图 7.15 中步骤 3）

（1）新建 While 循环。具体操作为：在程序框图中单击鼠标右键，选择"编程"→"结构"→"While 循环"结构，将其放置在程序框图中。

（2）添加等待下一个整数倍毫秒函数 。具体操作为：在程序框图中单击鼠标右键，选择"编程"→"定时"→"等待下一个整数倍毫秒"函数。

（3）添加 DAQmx 写入函数。具体操作为：在程序框图中单击鼠标右键，选择"测量 I/O"→"DAQmx - 数据采集"→"DAQmx 写入"函数，放置在程序框图上，单击"多态 VI 选择器"，选择"数字"→"单通道"→"单采样"→"1D 布尔（N 线）"选项。

（4）添加 DAQmx 读取函数。具体操作为：在程序框图中单击鼠标右键，选择"测量 I/O"→"DAQmx - 数据采集"→"DAQmx 读取"函数，放置在程序框图上，单击"多态 VI 选择器"，选择"数字"→"单通道"→"单采样"→"1D 布尔（N 线）"选项。

（5）添加合并错误函数。具体操作为：在程序框图中单击鼠标右键，选择"编程"→"对话框与用户界面"→"合并错误"函数。

（6）添加按名称解除捆绑函数。具体操作为：在程序框图中单击鼠标右键→"编程"→"簇、类与变体"→"按名称解除捆绑"函数。

（7）添加或函数。具体操作为：在程序框图中单击鼠标右键，选择"编程"→"布尔"→"或"函数。

5）创建输入控件

如图 7.15 步骤 3，创建所添加函数的输入控件，并按照图 7.15 进行连接。

6）完成 DAQmx 清除任务函数（图 7.15 中步骤 4）

（1）添加 DAQmx 清除任务函数。具体操作为：在程序框图中单击鼠标右键，选择"测量 I/O"→"DAQmx - 数据采集"→"DAQmx 清除任务"函数。

（2）添加简单错误处理器函数。具体操作为：在程序框图中单击鼠标右键，选择"编程"→"对话框与用户界面"→"简单错误处理器"函数。

（3）如图 7.15 所示，创建步骤 2 函数的常量。具体操作为：鼠标右键单击节点左侧连线端，选择"创建"→"常量"→"确定信息 + 警告"选项，按照图 7.15 进行连接。

7）完成参数初始化部分（图 7.15 中步骤 5）

（1）添加 DataToWrite 属性节点。具体操作为：鼠标右键单击 DataToWrite 布尔控件，选择"创建"→"属性节点"→"列数"选项，将其放置在程序框图中，单击属性节点底部再拉出一个属性值，选择"值"选项，单击"属性节点"→"全部转换为写入"选项。

（2）添加 DataToRead 属性节点。具体操作为：鼠标右键单击 DataToRead 布尔控件→"创建"→"属性节点"→"列数"选项，将其放置在程序框图中，单击属性节点底部再拉出一个属性值，选择"值"选项，单击"属性节点"→"全部转换为写入"选项。

（3）如图 7.15 所示，创建前两步函数的输入控件，并进行连接。

2. 程序整体测试

1）软件设置

数字输出端口与数字输入端口选择：单击下拉列表，选择已经连接的硬件设备名称及通道（可以在 MAX 里面查看设备名字）。注意：因程序设计时选择了 8 个布尔量输入，故输出端口格式为 XXX/port0/line0：7。

2）硬件设置

导线连接 Nextboard PIN：52→11，17→10，49→43，47→42，19→41，51→6，16→5，48→38，如图 7.16 所示。

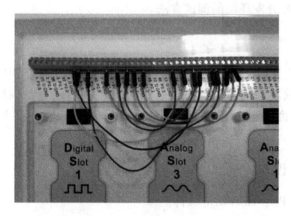

图 7.16　导线连接 Nextboard PIN

3）测试步骤

程序运行，如图 7.14 所示，按下输出端口 line0 位置布尔按钮，输入端口 line0 布尔显示灯点亮；再次按下输出端口布尔按钮，布尔显示灯熄灭，程序正确。其他端口验证步骤同 line0。单击停止按钮，PCI 6221 停止输出，程序停止。

为方便实验，表 7.1 给出 PCI 6221 数字端口对应 Nextboard 引脚编号。

表 7.1　PCI 6221 数字端口对应 Nextboard 引脚编号

PCI 6221 数字输出端口	Nextboard 引脚编号
P0.0 ~ P0.7	52、17、49、47、19、51、16、48
P1.0 ~ P1.7	11、10、43、42、41、6、5、38
P2.0 ~ P2.7	37、3、45、46、2、40、1、39

注：此实验方法同样适用于脉冲波形设计，同学们可以自行完成脉冲波形设计实验。

五、思考题

（1）简述 DAQmx 创建虚拟通道函数的方法。

（2）简述 NI DAQmx API 函数控制硬件产生数字信号和采集数字信号的方法。

六、注意事项

数据采集卡 PCI 6221 数字端口使用时要与 Nextboard 引脚编号相对应，见表 7.1。

7.2.2 虚拟信号发生器设计实验

一、实验目的

（1）掌握数据采集产品 PCI 6221 模拟输出端口使用规范。
（2）学会使用 NI DAQmx API 函数控制硬件产生波形。
（3）学习 LabVIEW 状态机结构。
（4）掌握 LabVIEW 开发环境的调试方法。

二、实验原理

控制 PCI 6221 产生连续波形，波形要求如下，频率：10 Hz ~ 10 kHz；幅值：-10 ~ 10 V；波形类型：正弦波、三角波、方波、锯齿波；波形频率、幅值、类型可选。单击"开始"按钮，硬件开始输出指定波形；单击"停止"按钮，程序在 1 s 内停止，同时控制硬件停止输出波形。

三、实验仪器、设备

采集卡 PCI 6221、PC、LabVIEW 软件。

四、实验步骤

1. 虚拟函数发生器前面板设计

虚拟函数发生器前面板如图 7.17 所示，按以下步骤完成。

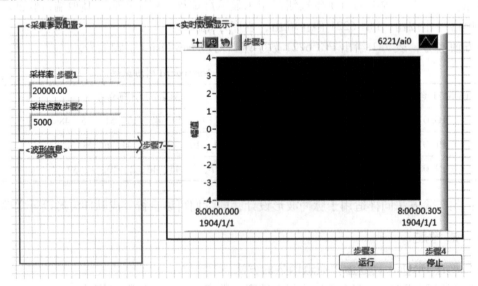

图 7.17　前面板设计

（1）启动 LabVIEW，打开一个空白的 VI，单击"文件"→"保存"命令，命名为"姓名 - 实验二.vi"。

(2) 打开前面板，添加输入控件。

①添加采样率输入控件（图 7.17 中步骤 1）。在前面板单击鼠标右键，在弹出的控件选板中单击"新式"→"数值"→"数值输入控件"选项，放置在 VI 前面板上，修改标题为"采样率"，标签为"SampleRate"，鼠标右键单击控件，在"显示项"中取消增量和减量的对钩。

②添加采样点数输入控件（图 7.17 中步骤 2）。在前面板单击鼠标右键，在弹出的控件选板中单击"新式"→"数值"→"数值输入控件"选项，放置在 VI 前面板上，修改标题为"采样点数"，标签为"#s"，鼠标右键单击控件，在"显示项"中取消增量和减量的对钩。

③添加 Start 布尔输入控件（图 7.17 中步骤 3）。在前面板单击鼠标右键，在弹出的控件选板中单击"系统"→"布尔"→"系统按钮"选项，放置在 VI 前面板上，修改标题为"Start"，标签为"Start"，布尔文本为"运行"，设置布尔控件机械动作为"单击时转换"。

④添加 Stop 布尔输入控件（图 7.17 中步骤 4）。在前面板单击鼠标右键，在弹出的控件选板中单击"系统"→"布尔"→"系统按钮"选项，放置在 VI 前面板上，修改标题为"Stop"，标签为"Stop"，布尔文本为"停止"，设置布尔控件机械动作为"释放时触发"。

(3) 打开前面板，添加显示控件。添加波形图表显示控件（图 7.17 中步骤 5）。在前面板单击鼠标右键，在弹出的控件选板中单击"新式"→"图形"→"波形图表"选项，放置在 VI 前面板上，修改标题为"Chart"，标签为"Chart"。添加波形图表的图形工具选板：鼠标右键单击波形图表，在"显示项"中选择"图形工具选板"选项。

(4) 前面板修饰、装饰等。

①添加系统标签（图 7.17 中步骤 6）。在前面板单击鼠标右键，在弹出的控件选板中单击"系统"→"修饰"→"系统标签"选项，放置在 VI 前面板上，如图 7.17 进行修改。

②添加下凹框（图 7.17 中步骤 7）。在前面板单击鼠标右键，在弹出的控件选板中单击"新式"→"修饰"→"下凹框"选项，放置在 VI 前面板上，如图 7.17 进行各部分划分，使用工具选板修改颜色。

2. 程序框图设计

程序整体框图，如图 7.18 所示。

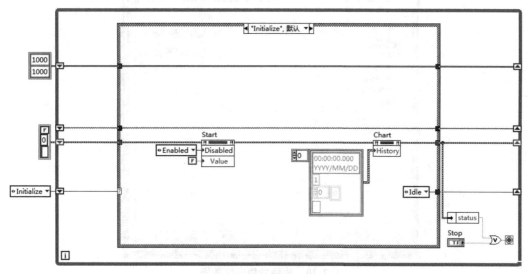

图 7.18　程序整体框图

1) 创建状态机结构（图 7.19）

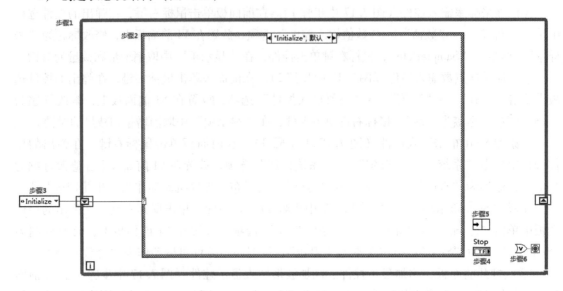

图 7.19 状态机结构

（1）新建 While 循环（图 7.19 中步骤 1）。在程序框图中单击鼠标右键，在弹出的函数选板中单击"编程"→"结构"→"While 循环"函数，将其放置在程序框图中。

（2）新建条件结构（图 7.19 中步骤 2）。在程序框图中单击鼠标右键，在弹出的函数选板中单击"编程"→"结构"→"条件结构"函数，将其放置在 While 循环中。

（3）添加自定义枚举变量（图 7.19 中步骤 3）。在程序框图中单击鼠标右键，在弹出的函数选板中单击"编程"→"数值"→"枚举常量"选项，将其放置在程序框图中。鼠标右键单击枚举常量，转换为输入控件，切换到前面板，如图 7.20 单击"枚举输入控件"→

图 7.20 枚举常量属性选择

"高级"→"自定义"选项,在弹出的控件窗口中,右键单击"枚举输入控件",选择"编辑项",进行项添加。将控件类型由控件改为自定义类型。

单击"关闭"按钮,保存名字为"MainStates-函数发生器.ctl",切换到程序框图,鼠标右键单击"枚举控件"→"转换为常量"选项,将其放置在 While 循环外,按照图 7.19 连线,将隧道替换为移位寄存器,移入 Stop 布尔控件(图 7.19 中步骤 4)。

(4)添加按名称解除捆绑函数 (图 7.19 中步骤 5)。在程序框图中单击鼠标右键,在弹出的函数选板中单击"编程"→"簇、类与变体"→"按名称解除捆绑"函数。

(5)添加或函数(图 7.19 中步骤 6)。在程序框图中单击鼠标右键,在弹出的函数选板中单击"编程"→"布尔"→"或"函数。

2)完成各状态分支代码

(1)完成 WriteACQ 状态,如图 7.21 所示。

①添加基本函数发生器函数 。在程序框图中单击鼠标右键,在弹出的函数选板中单击"编程"→"波形"→"模拟波形"→"波形生成"→"基本函数发生器"函数,放置在程序框图上。

②创建基本函数发生器函数信号类型输入控件:鼠标右键单击函数左侧信号类型连线端,选择"创建"→"输入控件"选项,放置在程序框图上。

③创建基本函数发生器函数频率输入控件:鼠标右键单击函数左侧频率连线端,选择"创建"→"输入控件"选项,放置在程序框图上;创建基本函数发生器函数幅值输入控件:鼠标右键单击函数左侧幅值连线端,选择"创建"→"输入控件"选项,放置在程序框图上。

④创建基本函数发生器函数采样信息常量:鼠标右键单击函数左侧采样信息连线端,选择"创建"→"常量"选项,放置在 While 循环外侧,如图 7.21 所示进行隧道连接,并替换为移位寄存器。

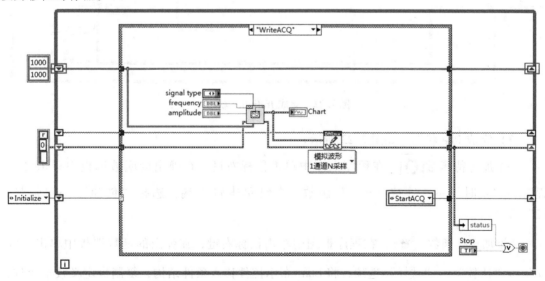

图 7.21 程序框图

⑤添加 DAQmx 写入函数 ：在程序框图中单击鼠标右键,在弹出的函数选板中单击"测量 I/O"→"DAQmx-数据采集"→"DAQmx 写入"函数,放置在程序框图上,单击"多态 VI 选择器",选择"模拟"→"单通道"→"多采样"→"波形"选项,将 Chart 波形图表显示控件连入基本函数发生器函数信号输出端,同时将基本函数发生器函数信号输入端和 DAQmx 写入函数数据端连接,按照图 7.21 连接各个函数。

(2) 完成 Initialize 状态,如图 7.22 所示。

①添加 Chart 属性节点 ：在 Chart 控件处单击鼠标右键,选择"创建"→"属性节点"→"历史数据"选项,将其放置在程序框图中,单击"属性节点"→"全部转换为写入"选项,添加 Start 函数 。

②属性节点：在 Start 控件处单击鼠标右键,选择"创建"→"属性节点"→"禁用"选项;单击底部再拉出一个属性值,选择"值"选项,如图 7.21 所示创建步骤 (1) (2) 函数的常量,并进行连接。

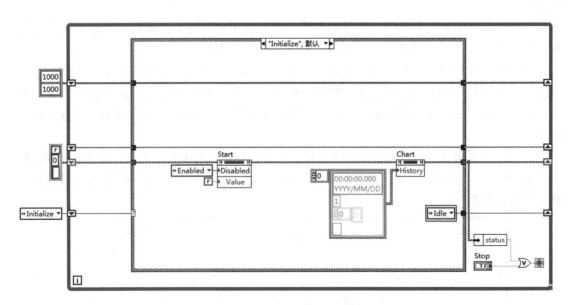

图 7.22 完成 Initialize 状态

(3) 完成 Idle 状态,如图 7.23 所示。

①添加等待函数 ：在程序框图中单击鼠标右键,在弹出的函数选板中单击"编程"→"定时"→"等待(ms)"函数,右键单击输入端,选择"创建"→"常量：12"选项。

②添加选择函数 ：在程序框图中单击鼠标右键,在弹出的函数选板中单击"编程"→"比较"→"选择"选项,将 Start 布尔控件移入条件结构,复制自定义枚举控件,分别选择为：Config 状态及 Idle 状态,如图 7.23 所示连接各个函数。

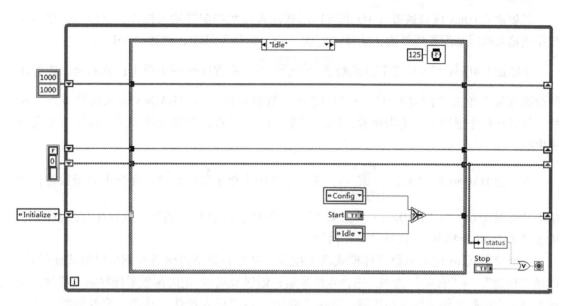

图 7.23 完成 Idle 状态

(4) 完成 Config 状态,如图 7.24 所示。

①添加 DAQmx 创建虚拟通道函数 ![AO电压]：在程序框图中单击鼠标右键,在弹出的函数选板中单击"测量 I/O"→"DAQmx-数据采集"→"DAQmx 创建虚拟通道"函数,放置在程序框图上。

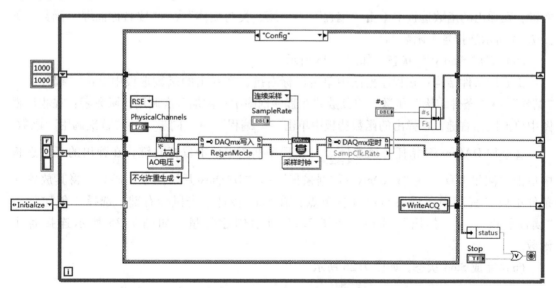

图 7.24 完成 Config 状态

②单击"多态 VI 选择器",选择模拟输出为"电压",创建 DAQmx 虚拟通道(AO 电压)函数物理通道输入控件：鼠标右键单击函数左侧物理通道连线端,选择"创建"→"输入控件"选项,修改标题为"模拟输出通道",标签为"PhysicalChannels"。

③创建 DAQmx 虚拟通道（AO 电压）函数输入接线端配置输入控件：鼠标右键单击函数左侧输入接线端配置连线端，选择"创建"→"常量"选项，选择"RSE"。

④添加 DAQmx 写入属性节点函数：在程序框图中单击鼠标右键，在弹出的函数选板中单击"测量 I/O"→"DAQmx - 数据采集"→"DAQmx 写入属性节点"函数，放置在程序框图上，单击函数，选择"重生成"模式，右键创建常量，选择"不允许重生成"。

⑤添加 DAQmx 定时函数：在程序框图中单击鼠标右键，在弹出的函数选板中单击"测量 I/O"→"DAQmx - 数据采集"→"DAQmx 定时"函数，放置在程序框图上，单击"多态 VI 选择器"，选择"采样时钟"。

⑥创建 DAQmx 定时函数采样模式输入控件：鼠标右键单击函数左侧采样模式连线端，选择"创建"→"常量"选项，选择连续采集；创建 DAQmx 定时函数采样率输入控件：鼠标右键单击函数左侧采样率连线端，选择"创建"→"输入控件"选项，修改标题为"采样率"，标签为"SampleRate"。

⑦添加 DAQmx 定时属性节点函数：在程序框图中单击鼠标右键，在弹出的函数选板中单击"测量 I/O"→"DAQmx - 数据采集"→"DAQmx 定时属性节点"函数，放置在程序框图上。

⑧单击函数，选择采样时钟：速率；添加按名称捆绑函数：在程序框图中单击鼠标右键，在弹出的函数选板中单击"编程"→"簇、类与变体"→"按名称捆绑"函数，如图 7.24 所示连接各个函数。

(5) 完成 StartACQ 状态，如图 7.25 所示。

①添加条件结构：在程序框图中单击鼠标右键，在弹出的函数选板中单击"编程"→"结构"→"条件结构"函数，将其放置在程序框图中；添加首次调用？函数：在程序框图中单击鼠标右键，在弹出的函数选板中单击→"编程"→"同步"→"首次调用"函数。

②添加 DAQmx 开始任务函数：在程序框图中单击鼠标右键，在弹出的函数选板中单击"测量 I/O"→"DAQmx - 数据采集"→"DAQmx 开始任务"函数，将其放置在条件结构"真"中；添加 Start 属性节点：在 Start 控件单击鼠标右键，选择"创建"→"属性节点"→"禁用"选项。如图 7.25 所示创建常量，如图 7.25 所示连接各个函数。

(6) 完成 Stop 状态，如图 7.26 所示。

添加 DAQmx 清除任务函数：在程序框图中单击鼠标右键，在弹出的函数选板中单击"测量 I/O"→"DAQmx - 数据采集"→"DAQmx 清除任务"函数；添加简单错误处理器函数：在程序框图中单击鼠标右键，在弹出的函数选板中单击"编程"→"对话框与用户界面"→"简单错误处理器"函数；创建步骤（2）函数的常量：鼠标右键单击节点左侧连线端，选择"创建"→"常量"→"确定信息 + 警告"选项，如图 7.26 所示进行连接。

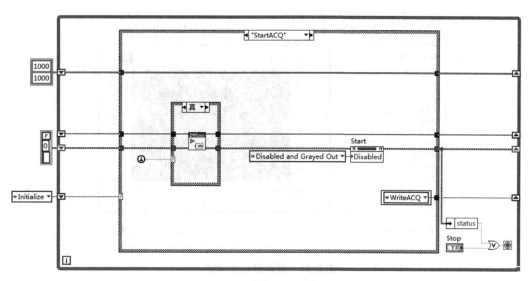

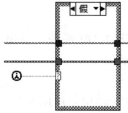

图 7.25 完成 StartACQ 状态

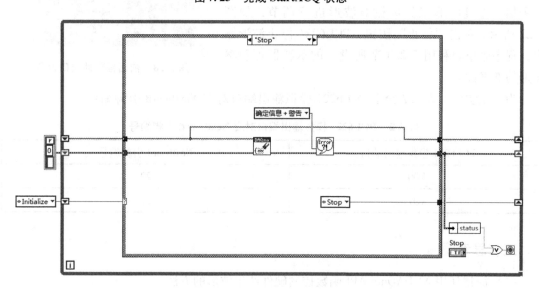

图 7.26 完成 Stop 状态

3. 程序整体测试

1）软件设置（图 7.27）

模拟输出端口：单击"模拟输出通道"下拉列表，选择已经连接的硬件设备名称及通道（可以在 MAX 里面查看设备名字）。根据奈奎斯特定理——采样率值至少为信号频率的 2 倍，为完美地发出波形，此处选择采样率为 20 000，采样点数为 5 000。

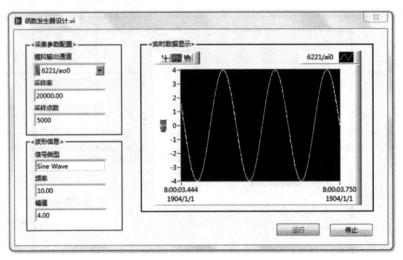

图 7.27 前面板软件设置

2）硬件设置

为验证程序，使用 PCI 6221 自带的 AI0 端采集发出的波形，故用导线连接 Nextboard PIN：22→68，55→67，如图 7.28 所示。

3）测试步骤

单击函数发生器实验程序"运行"按钮，程序开始发出波形，波形图表显示发出的波形。如显示波形较密集，通过图形工具选板对波形进行调节，如图 7.27 所示。单击"停止"按钮，PCI 6221 停止波形输出，程序停止。利用 7.2.3 节所设计的示波器可观察波形的准确性。

图 7.28 前面板硬件端口设置

为方便实验，表 7.2 给出 PCI 6221 模拟输出端口对应 Nextboard 引脚编号。

表 7.2 PCI 6221 模拟输出端口对应 Nextboard 引脚编号

PCI 6221 模拟输出端口	Nextboard 引脚编号
AO0	22
AO1	21

五、思考题

（1）简述使用 NI DAQmx API 函数控制硬件产生波形的方法。

（2）画出 LabVIEW 状态机的结构框图。

（3）简述 LabVIEW 开发环境的调试方法。

六、注意事项

（1）验证程序时，使用 PCI 6221 自带的 AI0 端采集发出的波形，用导线连接 Nextboard PIN：22→68，55→67。

(2)单击函数发生器实验程序"运行"按钮,程序开始发出波形,波形图表显示发出的波形。如显示波形较密集,通过图形工具选板对波形进行调节。

7.2.3 虚拟示波器设计——实现信号采集与复现

虚拟示波器实验包括基础实验和进阶实验两部分。

一、基础实验——信号采集与复现

(一)实验目的
(1)掌握数据采集产品 PCI 6221 模拟输入端口使用规范。
(2)学会使用 NI DAQmx API 函数控制硬件采集模拟电压信号。
(3)加固 LabVIEW 状态机结构使用。
(4)掌握 LabVIEW 开发环境的调试方法。
(二)实验原理
控制 PCI 6221 的任意一个模拟通道采集电压信号,采集频率可自行设定。单击"运行"按钮,硬件开始采集外部模拟信号。单击"停止"按钮,程序在 1 s 内停止,同时控制硬件停止采集。
(三)实验仪器、设备
采集卡 PCI 6221、PC、LabVIEW 软件。
(四)实验步骤
1. 虚拟仪器前面板设计
(1)启动 LabVIEW,打开一个空白的 VI,单击"文件"→"保存"命令,命名为"姓名-实验三-基础版.vi"。
(2)前面板设计,可参考 7.2.2 节信号发生器设计方法。如图 7.29 所示,命名为"示波器设计-基础版"。

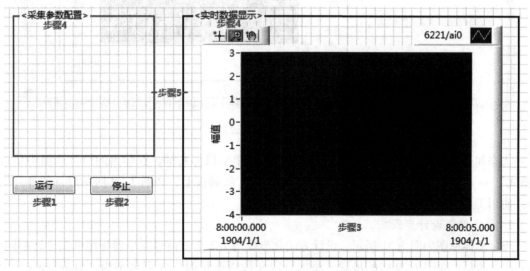

图 7.29 "示波器设计-基础版"前面板

(3) 打开前面板，添加输入控件。

①添加 Start 布尔输入控件（图 7.29 中步骤 1）。在前面板单击鼠标右键，在弹出的控件选板中单击"系统"→"布尔"→"系统按钮"选项，放置在 VI 前面板上，修改标题为"Start"，标签为"Start"，布尔文本为"运行"，设置布尔控件机械动作为"单击时转换"。

②添加 Stop 布尔输入控件（图 7.29 中步骤 2）。在前面板单击鼠标右键，在弹出的控件选板中单击"系统"→"布尔"→"系统按钮"选项，放置在 VI 前面板上，修改标题为"Stop"，标签为"Stop"，布尔文本为"停止"，设置布尔控件机械动作为"释放时触发"。

(4) 打开前面板，添加显示控件。

①添加波形图表显示控件（图 7.29 中步骤 3）。在前面板单击鼠标右键，在弹出的控件选板中单击"新式"→"图形"→"波形图表"选项，放置在 VI 前面板上，修改标题为"Chart"，标签为"Chart"。

②添加波形图表的图形工具选板：鼠标右键单击波形图表，选择"显示项"→"图形工具选板"选项。

(5) 前面板修饰、装饰等。

①添加系统标签（图 7.29 中步骤 4）。在前面板单击鼠标右键，在弹出的控件选板中单击"系统"→"修饰"→"系统标签"选项，放置在 VI 前面板上，如图 7.30 进行修改。

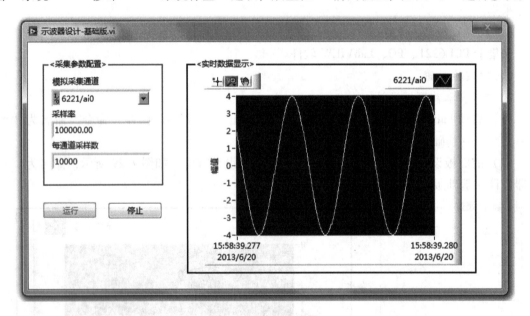

图 7.30 前面板设置

②添加下凹框（图 7.29 中步骤 5）。在前面板单击鼠标右键，在弹出的控件选板中单击"新式"→"修饰"→"下凹框"选项，放置在 VI 前面板上，如图 7.29 所示进行各部分划分，使用工具选板修改颜色。

2. 程序框图设计步骤

程序整体框图如图 7.31 所示，设计方法和步骤与 7.2.2 节信号发生器程序框图设计相同。需要注意的是，在图 7.29 中的步骤 3 添加自定义枚举变量时，保存名字为"MainStates - 示波器.ctl"。

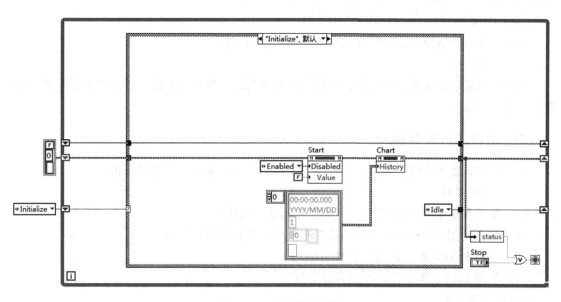

图 7.31　程序整体框图

3．程序整体测试

1）软件设置

如图 7.30 所示，模拟采集端口：单击"模拟采集通道"下拉列表，选择已经连接的硬件设备名称及通道（可以在 MAX 里面查看设备名字）。采样率设为"100 000"。根据奈奎斯特定理——采样率值至少为信号频率的 2 倍，为真实地还原波形，此处选择值为 100 倍，即 100 000。每通道采样数设为"10 000"。

2）硬件设置

图 7.32 所示为硬件设置，使用 PCI 6221 自带的 AO0 端发出波形（使用 7.2.2 节实验程序），故用导线连接 Nextboard PIN：22→68，55→67。

3）测试步骤

单击函数发生器实验程序"运行"按钮，程序开始发出波形，波形设置如 7.2.2 节中图 7.27 所示。单击"示波器设计 – 基础版"实验程序"运行"按钮，采集发出的波形信息，硬件采集到波形与发出波形一致，程序正确。单击"停止"按钮，PCI 6221 停止采集，程序停止。

图 7.32　硬件设置

为方便实验，表 7.3 给出 PCI 6221 模拟输入端口对应 Nextboard 引脚编号。

表 7.3　PCI 6221 模拟输入端口对应 Nextboard 引脚编号

PCI 6221 模拟输入端口	Nextboard 引脚编号
AI0 ~ AI7	68、33、65、30、28、60、25、57
AI8 ~ AI15	34、66、31、63、61、26、58、23

（五）思考题

采集信号的幅值较小，如仅有几毫伏，如何正确实现？

（六）注意事项

采样率根据奈奎斯特定理设置，采样率值至少为信号频率的 2 倍，才能够准确采样，能够真实地还原波形。

二、示波器进阶实验

本实验为基础实验的扩展实验，程序可以实时显示采集到信号的特征值。

（一）实验目的

(1) 掌握数据采集产品 PCI 6221 模拟输入端口使用规范。

(2) 学会使用 NI DAQmx API 函数控制硬件采集模拟电压信号。

(3) 学习 LabVIEW 生产者与消费者结构。

(4) 掌握 LabVIEW 开发环境的调试方法。

（二）实验原理

控制 PCI 6221 的任意一个模拟通道采集电压信号，采样频率可自行设定。程序可以实时显示采集到信号的特征值，包括周期、频率、峰峰值、最大值、最小值、平均值、均方根值。单击"运行"按钮，硬件开始采集外部模拟信号。单击"停止"按钮，程序在 1 s 内停止，同时控制硬件停止采集。

（三）实验仪器、设备

采集卡 PCI 6221、PC、LabVIEW 软件。

（四）实验步骤

1. 虚拟仪器前面板设计

前面板设计可参考示波器基础实验，如图 7.33 所示。

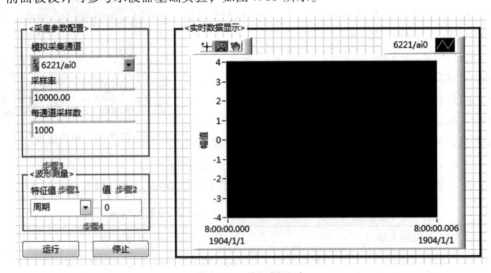

图 7.33 前面板设计

(1) 复制已经完成的"实验三 - 基础版.vi"，修改名字为"姓名 - 实验四 - 进阶版.vi"，在"实验三 - 基础版.vi"的前面板中添加下面的步骤：

①打开前面板，添加输入控件。添加特征值输入控件（图7.33中步骤1）：在前面板单击鼠标右键，在弹出的控件选板中单击"系统"→"下拉列表与枚举"→"下拉列表"选项，放置在VI前面板上，修改标题为"特征值"，标签为"EigenValue"，鼠标右键单击控件，选择"编辑项"选项卡，如图7.34所示添加项。

项	值
周期	0
频率	1
峰峰值	2
最大值	3
最小值	4
平均值	5
平均方值	6

图7.34 添加控件

②打开前面板，添加显示控件。添加值显示控件（图7.33中步骤2）：在前面板单击鼠标右键，在弹出的控件选板中单击"系统"→"数值"→"系统数值"选项，放置在VI前面板上，修改标题为"值"，标签为"Value"。

③前面板修饰、装饰等。添加系统标签（图7.33中步骤3）：在前面板单击鼠标右键，在弹出的控件选板中单击"系统"→"修饰"→"系统标签"选项，放置在VI前面板上，进行修改。添加下凹框（图7.33中步骤4）：在前面板单击鼠标右键，在弹出的控件选板中单击"新式"→"修饰"→"下凹框"选项，放置在VI前面板上，进行各部分划分，使用工具选板修改颜色。

2. 程序框图设计

（1）程序整体框图如图7.35所示，在实验三-基础版.vi的程序框图中添加函数。

完成生产者结构，生产者结构如图7.36所示，按照以下步骤完成。

①添加获取队列引用（图7.36中步骤1）：在程序框图单击鼠标右键，在弹出的函数选板中单击"编程"→"同步"→"队列操作"→"获取队列引用"函数，将其放置在程序框图中。

②添加释放队列引用（图7.36中步骤2）：在程序框图单击鼠标右键，在弹出的函数选板中单击"编程"→"同步"→"队列操作"→"释放队列引用"函数，将其放置在程序框图中。

③添加元素入队列（图7.36中步骤3）：在程序框图单击鼠标右键，在弹出的函数选板中单击"编程"→"同步"→"队列操作"→"元素入队列"函数，将其放置在程序框图中。

④添加波形图表常量（图7.36中步骤4）：鼠标右键单击Chart波形图表控件，选择

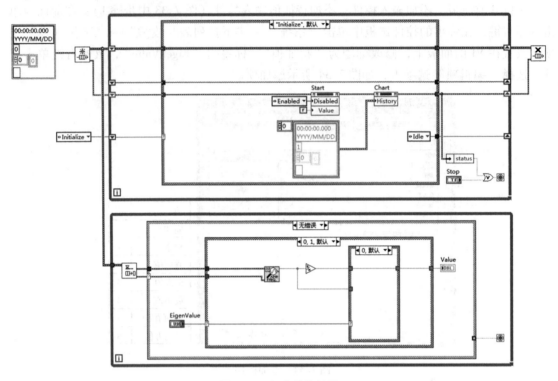

图 7.35 程序整体框图

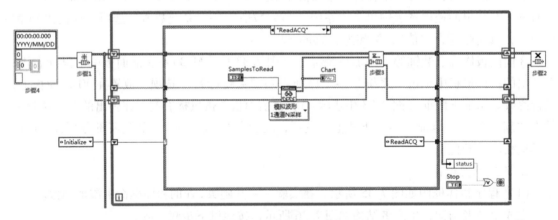

图 7.36 生产者结构

"创建"→"常量"选项,放置在程序框图中。

⑤按照图 7.36 连线,将隧道替换为移位寄存器。

(2) 完成各状态分支代码。

参考 7.2.2 节信号发生器设计,完成 Initialize 状态、Idle 状态、Config 状态、StartACQ 状态、ReadACQ 状态、Stop 状态。

(3) 完成消费者结构。

①新建 While 循环(图 7.37 中步骤 1):在程序框图单击鼠标右键,在弹出的函数选板中单击"编程"→"结构"→"While 循环"函数,将其放置在程序框图中。

②新建条件结构（图 7.37 中步骤 2）：在程序框图单击鼠标右键，在弹出的函数选板中单击"编程"→"结构"→"条件结构"函数，将其放置在程序框图中。

③添加元素出队列（图 7.37 中步骤 3）：在程序框图单击鼠标右键，在弹出的函数选板中单击"编程"→"同步"→"队列操作"→"元素出队列"函数，将其放置在程序框图中，如图 7.37 连线。

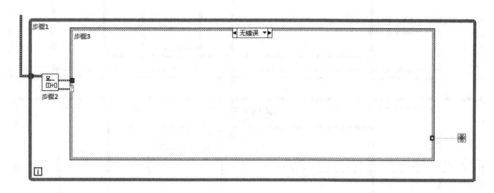

图 7.37　完成消费者结构

（4）完成条件结构。

①完成错误状态分支代码，如图 7.38 所示，将停止条件端赋值为"T"。

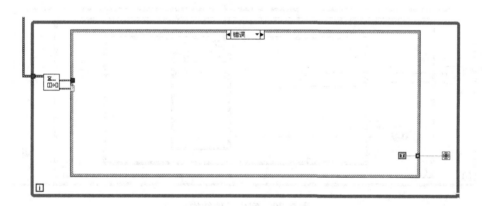

图 7.38　完成条件结构 1

②完成条件结构：完成无错误状态分支代码，如图 7.39 所示。

新建条件结构：在程序框图单击鼠标右键，在弹出的函数选板中单击"编程"→"结构"→"条件结构"函数，将其放置在程序框图中（图 7.39 中步骤 1），将特征值控件连接到条件结构选择端（图 7.39 中步骤 2），修改条件选择器标签 0 为"0、1"，并单击鼠标右键选择本分支设置为默认分支（图 7.39 中步骤 3），修改条件选择器标签 1 为"2、3、4"（图 7.39 中步骤 4）。添加条件选择器标签：鼠标右键单击条件结构，在后面添加分支，修改条件选择器标签 5 为"5、6"（图 7.39 中步骤 5）。

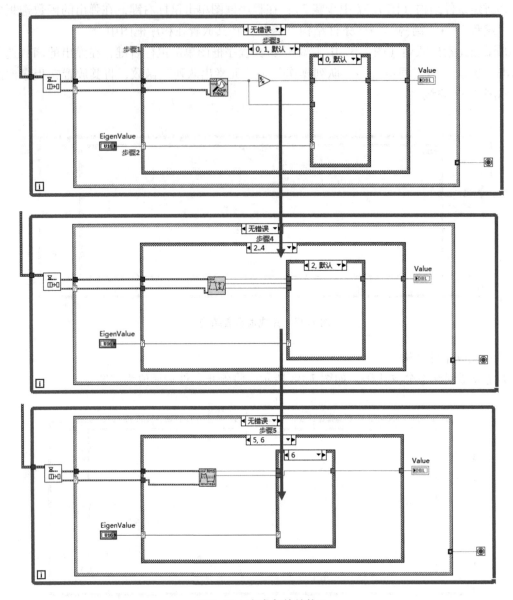

图 7.39 完成条件结构 2

③完成条件结构：0、1 默认分支代码（图 7.40）。

a. 添加提取单频信息函数 ：在程序框图单击鼠标右键，在弹出的函数选板中单击"编程"→"波形"→"模拟波形"→"波形测量"→"提取单频信息"函数，放置在条件结构"0，1，默认"中（图 7.40 中步骤 1）。

b. 添加倒数函数 ：在程序框图单击鼠标右键，在弹出的函数选板中单击"编程"→"数值"→"倒数"函数，放置在条件结构"0，1，默认"中（图 7.40 中步骤 2）。

c. 新建条件结构：在程序框图单击鼠标右键，在弹出的函数选板中单击"编程"→"结构"→"条件结构"函数，放置在条件结构"0，1，默认"中，将特征值控件连接到条件结构选择端，进行连线（图 7.40 中步骤 3）。

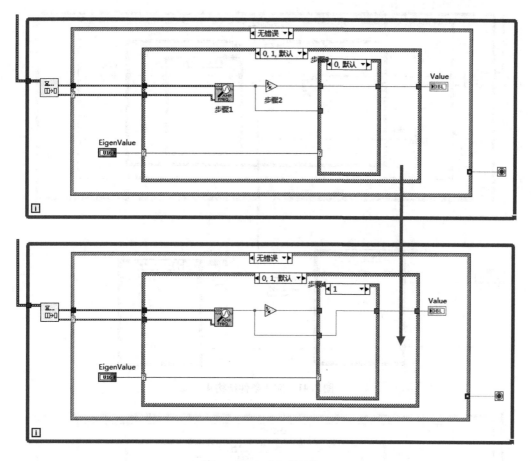

图 7.40　完成条件结构 3

（5）完成条件结构：1 分支，如图所示进行连线（图 7.40 中步骤 4）。

（6）完成条件结构：2、3、4 分支代码（图 7.41）。

①添加幅值和电平函数：在程序框图单击鼠标右键，在弹出的函数选板中单击"编程"→"波形"→"模拟波形"→"波形测量"→"幅值和电平"函数，放置在条件结构 2、3、4 中（图 7.41 中步骤 1）。

②新建条件结构：在程序框图单击鼠标右键，在弹出的函数选板中单击"编程"→"结构"→"条件结构"函数，放置在条件结构 2、3、4 中；将特征值控件连接到条件结构选择端，修改条件选择器标签 0 为 2，并右键选择本分支设置为默认分支，进行连线（图 7.41 中步骤 2）。

③修改条件选择器标签 1 为 3，并进行连线（图 7.41 中步骤 3）。

④添加条件选择器标签：鼠标右键单击条件结构，在后面添加分支；修改条件选择器标签为 4，并进行连线（图 7.41 中步骤 4）。

（7）完成条件结构：5、6 分支代码（图 7.42）。

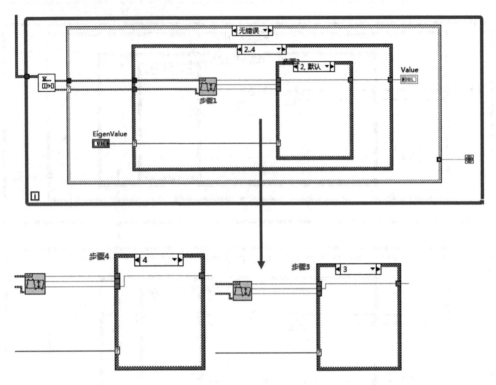

图 7.41 完成条件结构 4

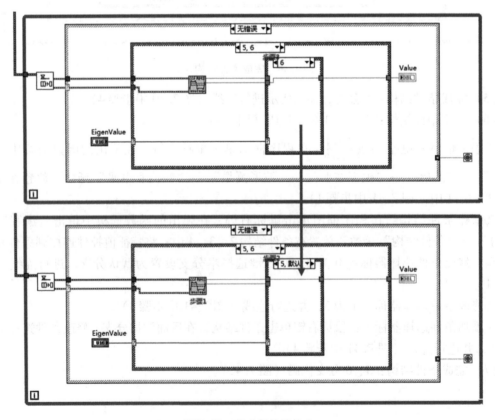

图 7.42 完成条件结构 5

①添加周期平均值和均方根函数 ![icon]：在程序框图单击鼠标右键，在弹出的函数选板中单击"编程"→"波形"→"模拟波形"→"波形测量"→"周期平均值和均方根"函数，放置在条件结构 5、6（图 7.42 中步骤 1）。

②新建条件结构：在程序框图单击鼠标右键，在弹出的函数选板中单击"编程"→"结构"→"条件结构"函数，放置在条件结构 5、6 中；将特征值控件连接到条件结构选择端，修改条件选择器标签 0 为 5，并右键选择本分支设置为默认分支，并进行连线（图 7.42 中步骤 2）。

③修改条件选择器标签 1 为 6，并进行连线（图 7.42 中步骤 3）。

3. 程序整体测试

1）软件设置

如图 7.43 所示，设置参数参考基础示波器设计。

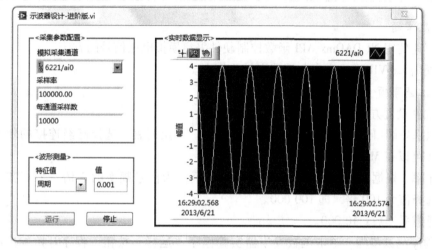

图 7.43　软件设置前面板

模拟采集端口：单击"模拟采集通信"下拉列表，选择已经连接的硬件设备名称及通道（可以在 MAX 里面查看设备名字）。采样率设为"100 000"，每通道采样数为"10 000"。

2）硬件设置

如图 7.44 所示，为验证程序，使用 PCI 6221 自带的 AO0 端发出波形（使用 7.2.2 节实验程序），故用导线连接 Nextboard PIN：22→68，55→67。

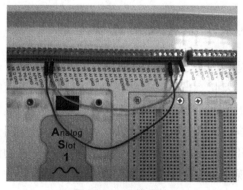

图 7.44　硬件连接

3）测试步骤

（1）单击函数发生器实验程序"运行"按钮，程序开始发出波形，波形设置如7.2.2节实验中图7.27所示。

（2）单击"示波器设计-进阶版"实验程序"运行"按钮，采集发出的波形信息和特征。硬件采集到波形与发出波形一致，程序正确。

为方便实验，表7.4列出PCI 6221模拟输入端口对应Nextboard引脚编号。

表7.4 PCI 6221模拟输入端口对应Nextboard引脚编号

PCI 6221模拟输入端口	Nextboard引脚编号
AI0 ~ AI7	68、33、65、30、28、60、25、57
AI8 ~ AI15	34、66、31、63、61、26、58、23

（五）思考题

（1）简述使用NI DAQmx API函数控制硬件采集模拟电压信号的方法。

（2）画出LabVIEW生产者与消费者结构框图。

（六）注意事项

（1）软件设置方法。

①模拟采集端口设置：单击"模拟采集通道"下拉列表，选择已经连接的硬件设备名称及通道（可以在MAX里面查看设备名字）。

②采样率：根据奈奎斯特定理——采样率值至少为信号频率的2倍，为真实地还原波形，此处选择值为100倍，即100 000。

③每通道采样数：10 000。

（2）程序测试步骤。单击函数发生器实验程序"运行"按钮，程序开始发出波形，单击"示波器设计-基础版"实验程序"运行"按钮，采集发出的波形信息，硬件采集到波形与发出波形一致，程序正确。单击"停止"按钮，PCI 6221停止采集，程序停止。

7.3 典型虚拟实验系统设计——油门控制系统的仿真设计

7.3.1 油门控制系统原理及仿真模型建立

传统油门控制系统，是通过油门拉索直接控制发动机油门的开合程度，而且仅仅考虑踩踏量对节气门开度的影响。因此，当驾驶员踩下油门时，仿真界面能实时反映出当前的踩踏量，并通过LED彩灯显示出当前的踩踏量；当踩踏量超过设定值上限时，LED灯会发出警报。同时油门踩踏量也影响着节气门开度的大小，踩踏量与节气门开度成正比变化，并且节气门开度达到最大值时，开度将不会再变化。油门控制系统仿真的流程如图7.45所示。

可以将油门系统的实现分为三个部分：油门踏板信号采集部分、发动机节气门开度显示部分和踩踏量大小显示部分。

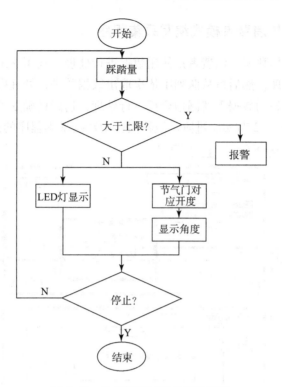

图 7.45　油门控制系统仿真的流程

7.3.2　油门踏板信号采集的实现

实验中，采用应变桥实验模块仿真油门踏板、离合踏板和刹车踏板的踩踏量采集部分。

一、硬件模块系统的搭建

根据应变桥的实验模块手册，搭建应变桥的实验模块，由应变桥实验原理可知，采用全桥电路的灵敏度较高，搭建好的模块如图 7.46 所示。实验中用到三个应变桥实验模块。

其中 AO 端口留作测试使用，模块内部已经将数据采集卡的 AO 路由至桥路上（无须在 AO 端口连入信号）。开关决定了当前桥路是否供电。桥路和右侧放大电路并未相连，需要使用放大器功能，将 U_{sc} 和 V_{in} 连接。放大器输出端口 V_{out} 与小模块上的 AI+ 和 AI- 连接。最后，将应变桥模块分别插入 Nextboard 板卡的 Analog Slot 1、2、4 模拟插槽上。

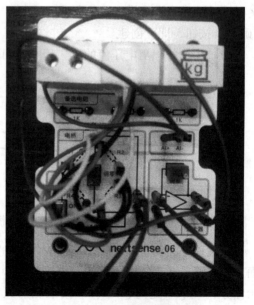

图 7.46　应变桥接线实物

二、基于生产者与消费者模式编写采集程序

生产者的职能是采集数据,消费者是使用数据进行处理。利用这个编程模式能将所有采集到的信号进行列队处理,然后再从队列中依次取出数据并进行处理操作。采用生产者与消费者模式,可以将采集到的数据无遗漏地全部进行处理,达到精确处理的要求。其基本模式如图 7.47 所示,参考 7.2.2 节实验进阶示波器实验中数据采集程序的设计方法。

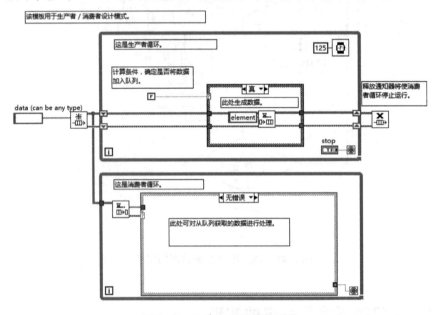

图 7.47　生产者与消费者模式

(1) 单击"文件"下拉菜单,选择"新建"选项。
(2) 展开第一个文件夹"VI",再展开"基于模板"文件夹,然后展开"框架"文件夹,最后展开"设计模式"文件夹,选择"生产者/消费者设计模式(数据)"子 VI,单击"确定"按钮,即可创建。
(3) 应变桥输出电压值的采集程序,如图 7.48 所示。

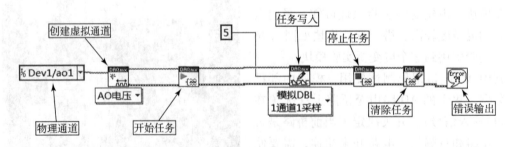

图 7.48　应变桥输出电压采集程序

采集程序的创建:打开 LabVIEW 2013 的后面板,单击鼠标右键,出现如图 7.49 所示界面,按步骤选择蓝色框图中的数据采集子 VI。其主要由 DAQmx 创建虚拟通道、DAQmx 开始任务、DAQmx 定时、DAQmx 读取和写入、DAQmx 停止和 DAQmx 清除任务这几部分组成。程序设计步骤参考 7.2.3 节中数据采集程序框图的设计方法。

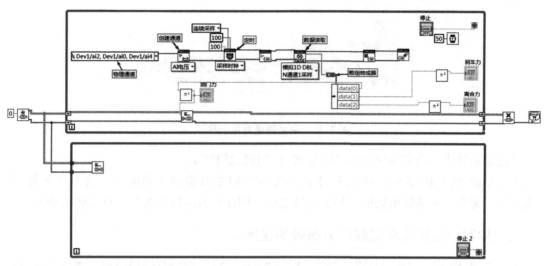

图 7.49　基于生产者与消费者模式的数据采集处理程序

注意：

对于"I/O 类型"选框，当前目的是向外输出电压值，所以选择"模拟输出"。设定完成单击"确定"按钮即可。

从硬件手册中可以查到 Analog Slot 1 插槽对应的输出通道为 AO0，因此，物理通道选择"Dev1/AO0"。

最后，基于生产者与消费者模式编写了三个应变桥数据采集处理程序，如图 7.49 所示。

（4）编写采集电压信号程序。

①如图 7.50 所示"选择项"对话框，根据说明书可知，应变桥在 Analog Slot 1、2、4 模拟插槽上的输出口分别为 ai2、ai0、ai4。所以按住"Ctrl"键依次选中这三个口，单击"确定"按钮完成设置。

图 7.50　输入通道"选择项"对话框

②创建通道部分，将多态 VI 选择器部分改为"模拟输入"→"电压"。
③设置采样频率和采样数，利用如图 7.51 所示的定时 VI。

图 7.51 采集通道数据读取

④设定采样率,确定采样数和采样模式("连续采样")。

⑤采集通道的数据处理:按图 7.51 所示将多态 VI 选择器的"单通道"改为"多通道"读取即可。每个通道其输出数值类型为一维数组,因此将数组转化为簇,然后依次处理。

三、编写电压信号转化成压力信号的程序

如图 7.49 所示,"data [0]""data [1]""data [2]"分别是油门踏板、离合踏板和刹车踏板的采集数据,由于仿真的要求,需要将电压值转变为压力值。

利用 Nextpad 软件中应变桥实验的程序完成电压值到压力值转换。从实验手册得出质量-电压系数 $[(m-V)_{系数}]$,则压力信号为

$$m = V_{out} / [A_0 \times 500 \times (m-V)_{系数}] \tag{7.2}$$

式中,V_{out} 为采集到的电压值;A_0 为供电电压(本仿真为 5 V);$(m-V)_{系数}$ 为实验所得到的数据。

根据式(7.2)编写 VI,如图 7.52 所示,其中粗线框处为误差调节部分。由于系统误差的缘故,每次开始采集前需要对其数据进行调整,使起始数值为 0,将其做成子 VI。其输入端为电压值,输出端为应变梁所受到的力(其单位为 N)。

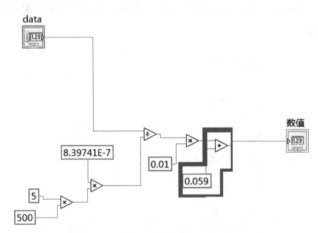

图 7.52 转换成力子 VI

7.3.3 踩踏量大小显示的实现

用交通灯实验模块实现对当前踩踏量的定量显示,并对其上限进行标定。

一、硬件模块系统的搭建

将 Nextwire20 交通灯模块插入 Nextboard 板卡的 Digital Slot 2 插槽中。此次仿真,只将该模块作为流水灯使用。

二、编写踩踏量显示的流水灯程序

(1)本部分的数据写入为数字数据的写入,程序如图 7.53 所示。

图 7.53 数字数据的写入

(2)物理通道的设置。

①参考应变桥采集电压信号程序图 7.51 设置物理通道。根据 Nextboard 说明书可知,从左至右的 LED 灯,对应的数据采集卡通道依次为 P1.3、P1.4、P2.3、P2.5、P1.7、P2.7。设置好后将其转化为常量。

②创建通道的设置,在图 7.51 写入数据的多态 VI 中选择"数字"→"多通道"→"单采样"→"1D 布尔"选项。

(3)数据处理方法设计与编程实现。

程序实现的方法:将应变桥采集的质量信号经过分级处理,然后通过交通灯模块和前面板显示。

由于应变桥的量程为 1.5 kg,根据测量装置的静态和动态特性,越接近量程其产生的误差越大。因此,选择 600 g 为其踩踏量最大值,并将其分为 0~0.007 N(0.007 设置为系统误差范围)、0.007~1 N、1~2 N、2~3 N、3~4 N、4~5 N、5~6 N 七个小段,其分别对应没有灯亮、一盏灯亮、两盏灯亮、三盏灯亮、四盏灯亮、五盏灯亮、六盏灯亮的状态。将其与数据写入程序结合,得到图 7.54 所示的程序流程图。

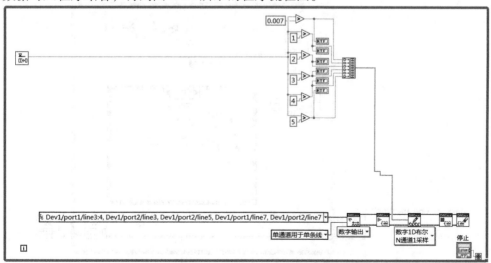

图 7.54 交通灯显示踩踏量程序

输入量是从油门踏板踩踏量采集系统"生产"的模拟量数据,应用消费者模式可以对所采集到的数据进行较为精确的处理。然后,将其与标定值比较得到布尔量,并将其创建为数组形式输入对应的通道中。最终,实现踩踏量的显示,如图 7.54 所示。

7.3.4 节气门开度的仿真实现

用编码器实验模块仿真发动机节气门的开度大小,并显示其数值。

一、硬件模块系统的搭建

根据 Nextsense 08 编码器的实验模块手册,搭建编码器的实验模块,如图 7.55 所示,左边为编码器,右边为步进电动机。A、A⁻、B、B⁻四个端口,为步进电动机输入脉冲信号,从而驱动步进电动机的运动。该模块在 Nextboard 上需要占用两个插槽(一个数字,一个模拟),因此,将该模块插入 Digital Slot 1 和 Analog Slot 3 插槽上。

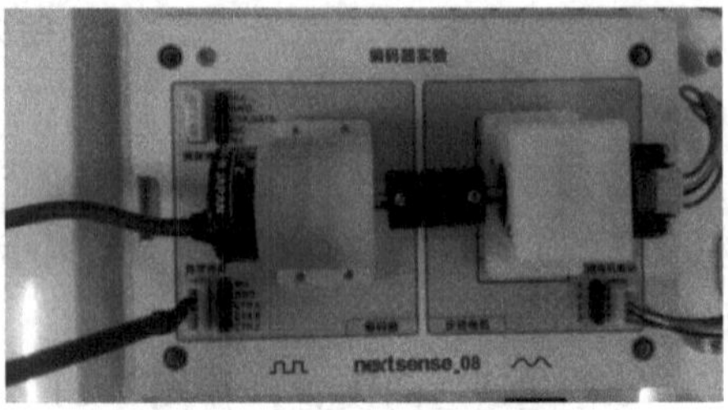

二、电动机驱动程序的编写

电动机驱动程序分为两个部分。第一部分为电动机运动方向的控制,目的是当踏板压力增大时,实现电动机正转;当踏板压力减小时,实现电动机反转。第二部分为电动机转动角度的控制,根据实际情况,油门开度范围为0°~180°。根据上一小节中对踩踏量上限的设定得知,最大踩踏量为 6 N。根据设计方案,踩踏量与开度成正比关系。因此,已知踩踏量,即可计算出油门开度大小。

图 7.55 编码器实验模块实物

1. 电动机运动方向控制程序

判断节气门的开或者闭合(即电动机的正反转),需要判断踩踏量增量的正负,程序框图如图 7.56 和图 7.57 所示。

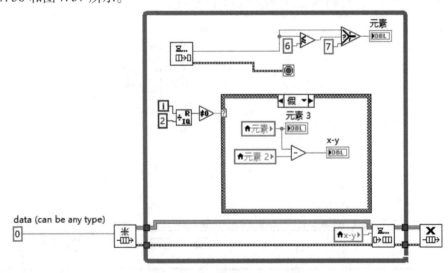

图 7.56 踩踏量增量程序(1)

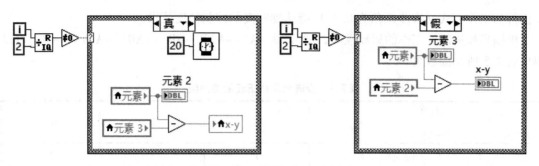

图 7.57 踩踏量增量程序（2）

程序说明："出队"的输入端为踩踏量的大小，判断是否超过上限值，然后用其输出值（图 7.56 中为"元素"输出控件）创建局部变量。如图 7.56 所示，条件语句的条件为：循环计数除以 2 取余数是否为 0，当计数为双数时，运行"假"条件；当计数为单数时，运行"真"条件。最终，图 7.56 实现的功能是：求得当前踩踏量与前一时刻踩踏量的差值（即图 7.57 的"x - y"显示控件），也就是踩踏量的增量值，其值为正，则正转；值为负，则反转。最后，将增量值作为"生产量"进行列队处理，即将其数值传递给"消费者"进行进一步处理。

数据处理：由于应变桥的精度有限，存在系统误差，当应变桥不受力时，其踩踏量的值在 ±0.003 内波动，因此在实数域内分为 3 段，即 $-\infty \sim -0.003$，$-0.003 \sim 0.003$ 和 $0.003 \sim +\infty$。运用条件结构，其条件为踩踏量除以 0.003 的商，当其商为 0 时，电动机不动；当商小于 -2 时，电动机反转；当商大于 1 时，电动机正转。程序框图如图 7.58 所示。

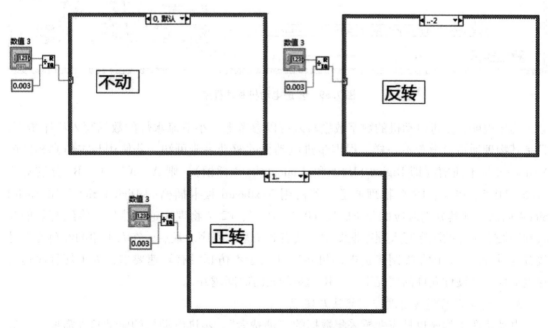

图 7.58 判断电动机正反转程序

2. 电动机运动角度控制程序

数据处理：由于硬件设备的限制，根据步进电动机的驱动原理，结合仿真目的，采用半步执行的工作方式（即步距角为0.9°）能达到较高的控制精度要求。

根据半步逆时针工作的运动顺序，即 A⁻B→A⁻→A⁻B⁻→B⁻→AB⁻→A→AB→B，可以得出表7.5所示的数组。

表 7.5 步进电动机正转驱动数组

顺序＼通道	A	A⁻	B	B⁻
1	F	T	T	F
2	F	T	F	F
3	F	T	F	T
4	F	F	F	T
5	T	F	F	T
6	T	F	F	F
7	T	F	T	F
8	F	F	T	F

将表7.5所示数组依次写入对应的通道口即可驱动步进电动机，其将数组写入对应通道的程序，如图7.59所示。

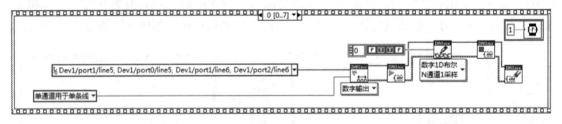

图 7.59 步进电动机驱动程序

程序说明：步进电动机的数字数据写入可以参考上一小节流水灯的数据写入程序步骤，只是其物理通道口设置不一样。根据步进电动机的驱动手册可知，若使用与本仿真相同的 Nextboard 板卡插槽（即 Digital Slot 1 和 Analog Slot 3 插槽），则 A、A⁻、B、B⁻ 分别对应 P1.5、P0.5、P1.6、P2.6 物理通道。若占用 Nextboard 板卡插槽的 Digital Slot 2 和 Analog Slot 4 插槽，则其分别对应的是 P1.2、P0.4、P1.7、P2.7 物理通道。然后，将编写好的写入程序按表7.5的顺序写入顺序框图中，共有8个写入程序。最后，在右上角的红色方框处放置延时程序，目的是控制步进电动机转速（由于本仿真没有转速要求，为了使程序运行速度加快，在硬件允许的情况下，采用越短的延时时间越好）。

3. 步进电动机运转角度控制算法与实现

电动机驱动程序也是应变桥采集数据的"消费者"，步进电动机的驱动角度需要通过应变桥所采集的踩踏量来控制，由于踩踏量与开度成正比，关系式为

$$\Delta D = \Delta T \times 30 \tag{7.3}$$

式中，ΔD 为角度增量；ΔT 为踩踏量的增量。

由于硬件条件的限制，步进电动机的步距角为 0.9°。根据式（7.3）得出，ΔT 应该为 0.03 N。但是，应变桥在无负载时的数值在 ±0.003 内波动。其中，0.030 N 和 0.003 N 相差 10 倍，即 0.003~0.030 N 范围内的踩踏量变化量将不会驱动电动机转动，从而产生较大的误差。采用增大角度的方法来克服，即让节气门开度的范围从 180°增大为 1 800°，最后，将式（7.3）改为式（7.4）：

$$\Delta D = \Delta T \times 300 \tag{7.4}$$

步进电动机步距角为 0.9°，其程序框图如图 7.60 所示。其中，"数值 2" 为第 1 小节采集的 "x – y" 值。

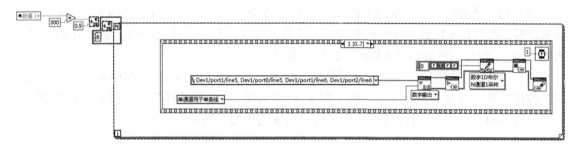

图 7.60　步进电动机运转角度控制程序

反转程序的编写，与上述正转程序的编写基本思路相同。但要考虑到衔接问题，这个衔接问题除了上述一个程序两个部分的衔接关系，还有正反转之间的衔接关系（即正转变为反转或反转突变为正转），这需要根据正转程序的表 7.5 更改反转时，输入电动机的数组顺序，经过分析，得到表 7.6 所示的输出顺序。

表 7.6　步进电动机正转驱动数组

顺序 \ 通道	A	A⁻	B	B⁻
1	T	F	T	F
2	T	F	F	F
3	T	F	F	T
4	F	F	F	T
5	F	T	F	T
6	F	T	F	F
7	F	T	T	F
8	F	F	T	F

只要按照表 7.6 所示的顺序更改正转的驱动程序，即可实现电动机正反转角度的精确控制。

三、节气门角度检测程序的编写

利用编码器模块模拟角度的变化，进而实现角度的检测。

需要实现的功能是：记录步进电动机运行的步数，再换算成角度值。其采集计数程序如图 7.61 所示。

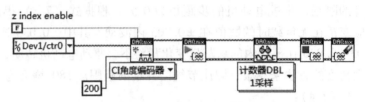

图 7.61　编码器计数程序

编码器计数程序也是由物理通道、创建虚拟通道、开始任务、任务写入、停止任务、清除任务和错误输出组成，其设置和上述的模拟量和数字量的采集有以下区别：

（1）物理通道的设置。按照上面创建物理通道的步骤，在前面板创建通道，在设置过滤窗口时，在"I/O 类型"选项框中选择"计数器输入"选项。设定好物理通道的属性后，选择"ctr0"通道，然后在后面板将其转化为常量。

（2）虚拟通道的创建。如图 7.62 所示，将数据采集选项卡下的"DAQmx 创建虚拟通道"控件拉到后面板上，单击下方的"多态 VI 选择器"，根据采样目的，打开"计数器输入"下拉条的"位置"，选择其下拉条下的"角度编码器"选项。

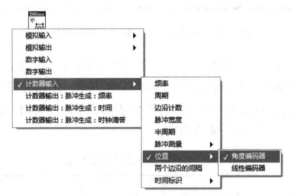

图 7.62　编码器程序虚拟通道的创建

根据图 7.63 所示的即时帮助内容，结合编码器的硬件设置，在"脉冲每转"处应该输入"200"数值量（步进电动机的设定为 200 步每转），在"启用 z 索引"处输入"假常量"，表示不启用 z 索引，其他输入量为默认值即可。

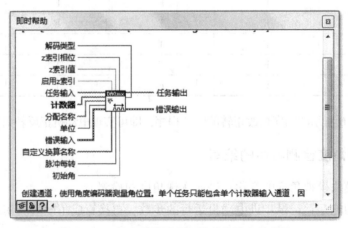

图 7.63　"创建虚拟通道"控件的输入输出端

（3）编码器计数数据的读取设置。在后面板上创建完"DAQmx 读取"控件后，单击"多态 VI 选择器"，出现图 7.64，选择"计数器"→"单采样"→"DBL"（数据类型）选项，即完成计数数据的读取设定。

图 7.64　编码器计数通道读取数值的 VI 设定

（4）采集数据的后续处理。如图 7.65 所示，油门开度的范围为 0°~180°（不会出现小于 0°或者大于 180°的情况）。因此，将采集到的角度数据经过图 7.65 中红色方框中的程序处理。其中，"÷10"这一步是为了将因提高精度而扩大的角度值手动设定为 180°。

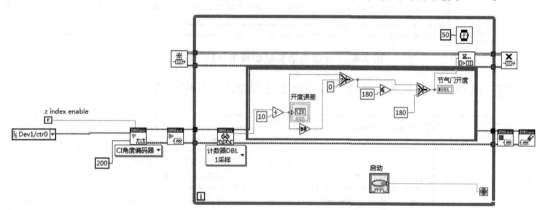

图 7.65　基于生产者与消费者模式下的角度采集程序

四、电动机运转角度精确控制程序的编写

要达到对电动机运转角度的精确控制，需要增加电动机反馈程序。每次当踩踏量恢复到 0 时，若编码器采集到的原始角度不为 0，则可以将电动机恢复到初始位置。这样处理后，误差会被慢慢矫正，而不会因为累加效应，使误差越来越大。

电动机反馈程序设计：如图 7.66 所示，将控制步进电动机转动角度的输入量由踩踏量的变化量更改为误差角度，其他部分（电动机正反转控制和电动机转动精度控制部分）不需要进行变动。当误差角度为负值时，电动机正转；误差角度为正值时，电动机为反转。其误差角度值即"开度误差"。由于除数为 0.9，其反馈结束后的角度值误差能保证在 ±0.9°之间。

同时，将图 7.66 左上角的计算"For 循环"次数程序改为图 7.67 所示内容（以电动机反转程序为例）。

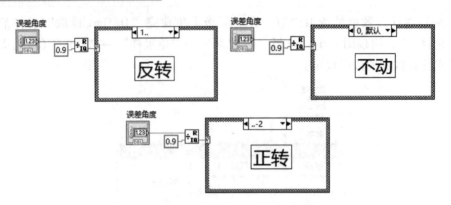

图 7.66　反馈电动机判断正反转程序

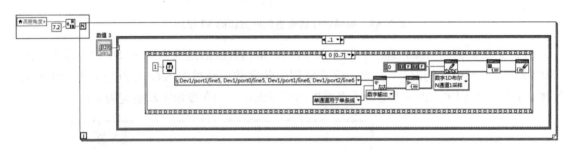

图 7.67　反馈电动机驱动程序（1）部分

同理，电动机"除以 7.2 取余"程序也要进行更改，其程序如图 7.68 所示。

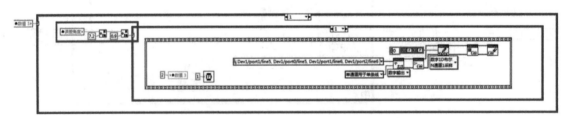

图 7.68　反馈电动机驱动程序（2）部分

五、电动机驱动程序的整合

将上述的电动机驱动程序和电动机的反馈程序全部转化为子 VI，命名为"电机驱动"子 VI 和"反馈电机"子 VI。其中"电机驱动"子 VI 只要设置一个输入端，且其输入端为"踩踏量变化量"；"反馈电机"子 VI 也只要设置一个输入端，其输入端为"油门开度误差"。其总体程序如图 7.69 所示。

程序解释：图 7.69 中的"出队"控件，输出的数值为踩踏量的变化量，对应程序的"消费者"。在 While 循环中运用顺序结构，使每次执行完"电机驱动"子 VI 后，都进行图 7.69 右边方框中的程序判断，即油门踏板受力是否为 0（因为应变梁模块具有系统误差，只需判断其值是否小于 0.015）。若踩踏板受力为 0，则"反馈电机"子 VI 的输入端为角度误差值，然后调整步进电动机的位置，直至与初始位置的误差在 ±0.9°之间；若踩踏板受力不为 0，则其输入端为 0，其"反馈电机"子 VI 不会使电动机运动。

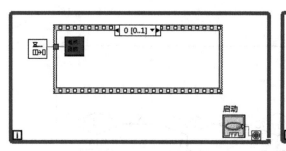 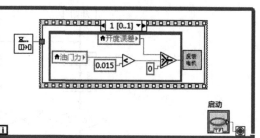

图 7.69　节气门开度控制总体程序

实验中，通过硬件系统的搭建与软件程序共同完成油门系统控制过程。由于硬件系统条件的限制（精度不足，存在系统误差），需要通过软件程序控制的方法来降低仿真系统所带来的误差，并且将其控制在合理误差的范围内。最终完成油门踩踏量采集、显示和节气门开度大小控制三部分的相互协调工作，达到对油门系统仿真的目的。

7.4　典型虚拟实验系统设计——洗衣机状态仿真系统设计

7.4.1　洗衣机状态仿真设计基本思路

洗衣机的基本功能包括洗涤、清洗、脱水、烘干，依据洗涤、清洗、脱水、烘干 4 个基本功能可以自由组合成 15 种功能组合，如图 7.70 所示。

```
11 种合理功能组合：  洗   洗清   洗脱   洗清脱   洗清脱烘
                    清   清脱   清脱烘
                    脱   脱烘
                    烘
4 种不合理功能组合： 洗烘   清烘   洗清烘   洗脱烘
```

图 7.70　洗衣机功能组合

基于洗衣机要实现的 11 种合理功能组合，设计了的洗衣机运作流程图，如图 7.71 所示。

本次实验中，洗衣机仿真用到的硬件是 Nextboard 以及相应的实验模块。实验中，使用编码器（模拟电机）、光敏电阻（模拟水液浑浊度）、应变桥（模拟衣物质量）、热电阻（模拟烘干加温）、交通灯（模拟流水灯）来模拟洗衣机实际的工作状态。硬件模块按照工作原理进行相应的外部连线；然后，通过 LabVIEW 的采集程序进行数据采集与处理。通过数据采集将硬件与软件相连接，以硬件物理量的变化设计软件控制程序，达到仿真的目的，实现硬件的模拟与软件的控制的同步。通过 LabVIEW 的前面板模拟现实中的洗衣机工作状态，实现洗衣机状态的设计与仿真。

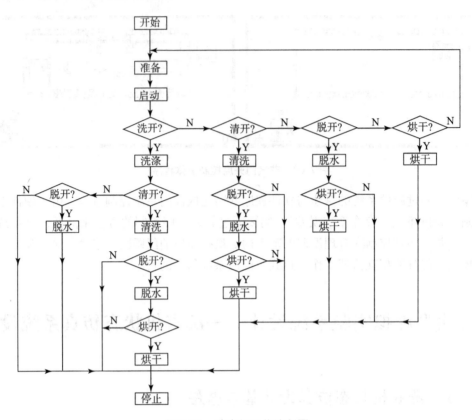

图 7.71 洗衣机运作流程图

7.4.2 基于 LabVIEW 的洗衣机状态的前面板设计

模拟洗衣机状态的前面板设计，如图 7.72 所示。在前面板添加控件进行状态模拟，如用液罐模拟洗衣机的滚筒水位，通过液灌的数值加减进行模拟水位的加减，模拟洗衣机的加水、排水动作。

用 6 个开关模拟洗衣机的操作按钮（启动、洗涤、清洗、脱水、烘干、停止），用 18 个 LED 显示灯模拟各个状态显示，6 个灯模拟依据衣物重量推荐水位（25 升、30 升、35 升、40 升、45 升、50 升），2 个灯模拟衣物重量状态（合格、超载），3 个灯模拟烘干过程的加温显示（35 度、40 度、45 度），3 个灯模拟提示灯（检测时机、烘干完提示、传感器触碰信号），4 个灯模拟洗衣机运行状态的显示（洗、清、脱、烘）。

用 2 个文本显示框模拟状态显示，第一个是衣物重量状态显示（合格、超载），第二个是洗衣机运行状态显示（准备、洗涤、清洗、检测、脱水、烘干）；用 3 个数值显示控件分别表示衣物重量、光敏电阻光强、热电阻检测的温度；用 1 个仪表模拟应变桥检测的砝码重量。

用 7 张洗衣机转动的图片模拟洗衣机滚筒的转动过程。通过图片的调用，可以模拟出洗衣机的电动机转动的速度以及正反向。

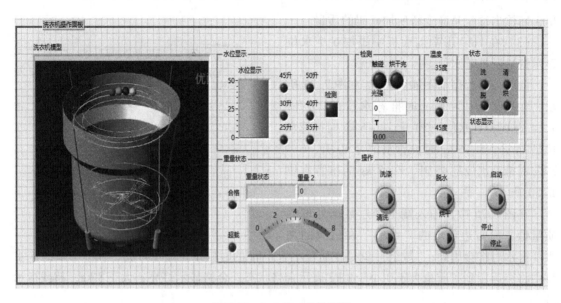

图 7.72 LabVIEW 前面板

7.4.3 应变桥模拟衣物质量判断的设计与实现

一、质量判断的设计思路

本实验中,洗衣机水位的控制方法是通过检测衣物质量,再根据检测的质量进行算法设计,实现不同的质量洗衣机自动推荐不同的水位。而衣服质量的模拟是靠应变桥来实现的。

二、应变桥输出电压的采集与数据处理及显示

(1) 程序框图设计参照 7.3 节基于生产者与消费者模式的数据采集程序设计方法,通过测量输出电压反映应变桥上的受力大小。本次设计采用的是全桥接法,模块插入 Analog Slot 1 插槽上。

注:由于后面实验中用到了光敏电阻模块、热电阻模块,故光敏电阻在 Analog Slot 4 中选择 ai4,热电阻在 Analog Slot 2 中选择 ai2,单击"确定"按钮即可。

(2) 将采集的电压信号转化为质量值。

参考 7.3 节算法,编写程序,如图 7.73 所示,其中调整值 3 为误差调节部分,由于系统误差的缘故,每次开始采集前需要对其数据进行调整,使起始数值为 0,最后,将其做成子 VI。其输入端为电压值,在数据采集程序中接入"索引数组"的第一个输

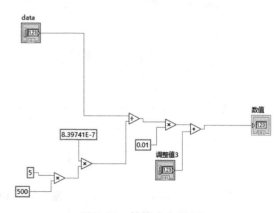

图 7.73 转换成力子 VI

出，而输出端就是应变桥所加砝码的质量。

（3）在 LabVIEW 前面板中添加 6 个水位显示灯显示推荐水位。

前面板及程序框图如图 7.74 和图 7.75 所示。在质量为 1～3 kg 时推荐水位是 25 升，3～4 kg 时推荐水位是 30 升，4～5 kg 时推荐水位是 35 升，5～6 kg 时推荐水位是 40 升，6～7 kg 时推荐水位是 45 升，7～8 kg 时推荐水位是 50 升。

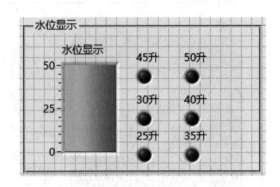

图 7.74 水位前面板

在图 7.75 中，输入端是经过数据处理的质量值，而右边输出的"数值"在后续的加水、排水时将会用到；"数组"就是在质量小于 8 kg 的时候水位显示灯亮，在下一节的流水灯中将会运用到。质量大于 0 小于 8 kg 表示合格状态，合格显示灯亮；大于 8 kg，超载指示灯亮。

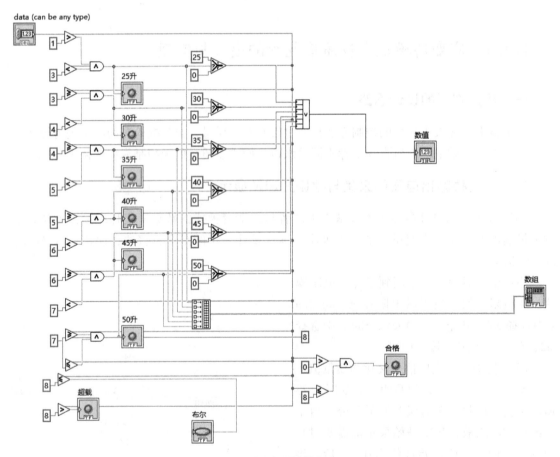

图 7.75 水位推荐程序

（4）利用交通灯模拟流水灯，实现对当前衣物质量的定量显示。

如图 7.76 所示参考 7.3 节中流水灯设计方法。流水灯的 6 个灯对应 6 个质量范围，在这里洗衣机的衣物质量最大值设定为 8 kg，分别为 1~3，3~4，4~5，5~6，6~7，7~8 六个小段。小于 1 没有灯亮，1~3 表示第一个灯亮，3~4 表示第二个灯亮，4~5 表示第三个灯亮，5~6 表示第四个灯亮，6~7 表示第五个灯亮，7~8 表示第六个灯亮，而大于 8 的时候将会设计一个交通灯全部一起闪烁的程序。

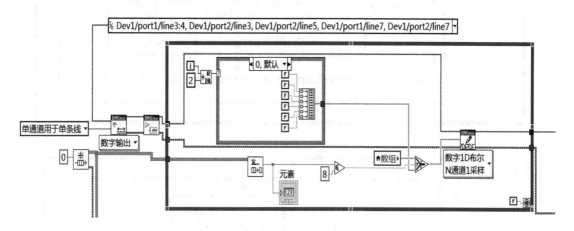

图 7.76 交通灯程序

7.4.4 光敏电阻模拟水液浑浊度实验设计

一、仿真模型的建立

光敏电阻模块上面有 4 个显示灯，通过点亮不同数目的显示灯，会检测到不同的电压值。通过数据处理，把检测到的电压值转换成光强，来模拟光线在水液中的穿透度。光强越小，代表水液越浑浊。设定 4 个灯全亮的光强为达到干净的要求值，这样，通过光强就达到了实验模拟水液浑浊度的目的。

实验中，先依据光敏电阻的特性设定光强的标准值为 27，遮上遮光罩，点亮光敏电阻显示灯，判定光强值是否达到标准值（标准值为 27），决定下一步的动作，大于 27，说明水液比较干净，可以结束清洗动作，进入后序动作；如果小于 27，代表水液的浑浊度达不到要求，衣物没有清洗干净，则排出水，再次进行一次清洗动作，直到达到标准值为止。

二、程序的编写

如图 7.77 所示，在检测状态里加入一个条件结构，来实现判断水液浑浊度功能。

注：图 7.77 中最外边的一个条件结构是一个检测开关的结构。检测开关状态为开，就执行检测功能；状态为没开，就会一直在这里暂停。仿真中，采用了触碰传感器来模拟检测开关，触碰传感器如图 7.78 所示。

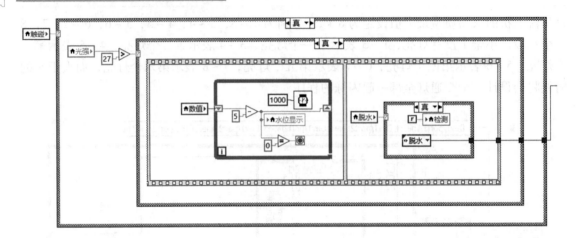

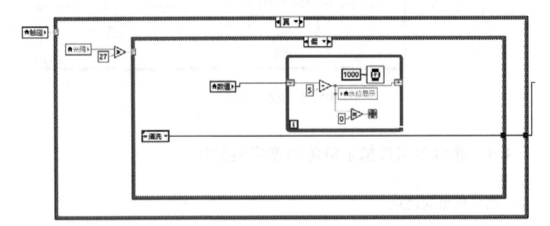

图 7.77　检测判断

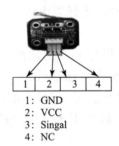

1：GND
2：VCC
3：Singal
4：NC

图 7.78　触碰传感器

三、光敏电阻的光强值算法设计与实现

图 7.79 所示为 Nextboard 自带的光敏电阻的光强与电阻值之间的关系曲线，根据此关系曲线编程确定二者的比例关系。

在 LabVIEW 的前面板创建一个 X - Y 曲线图，通过写入电阻值与光强的关系，将采集的电压信号先换算成电阻值，再通过曲线图得出光强值。图 7.80 所示为虚拟洗衣机的硬件系统。

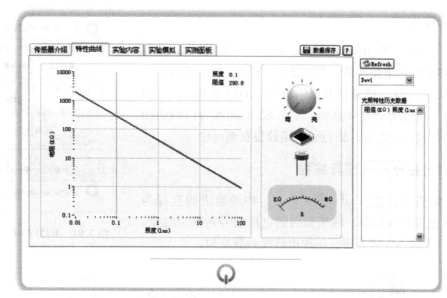

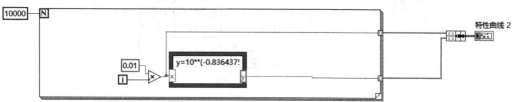

图 7.79 光强与电阻值之间的关系

图 7.80 虚拟洗衣机的硬件系统

注：图 7.79 中"索引数组"的第二个输出就是光敏电阻采集的电压信号，通过数据的处理就可以转换成光强值。

7.4.5 热电阻模拟烘干加温过程的仿真设计

利用热电阻模拟烘干加温过程的温度变化。

一、硬件设计

将热电阻插入 Nextboard 的 Analog Slot 2 插槽上，打开 Nextpad 软件中的热电阻实验，按图 7.81 接线，红色线接入的是 300 Ω，绿色线接入的是热电阻模块自带的热敏电阻，一边为接线端，另一边为温度接触端。图 7.82 中外表为白色的便是温度检测装置热敏电阻，银色的一端放置在热源中。

二、输出数据的处理与编程

将热电阻模块插在 Analog Slot 2 上，物理通道的选择为 ai2，通过数据的处理运算，将采集到的电压信号转换为温度。图 7.83 所示为数据处理程序，将输出转换为温度值。

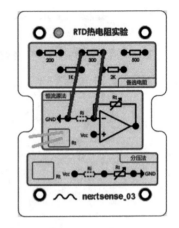

图 7.81　RTD 热电阻

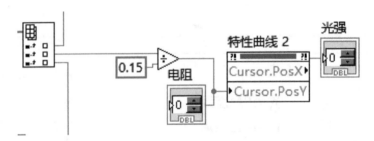

图 7.82　热电阻接线图

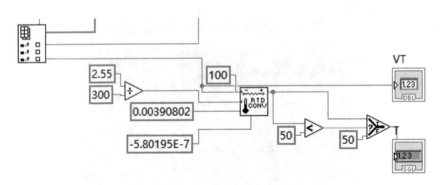

图 7.83　热电阻信号处理

7.4.6　编码器模拟电动机转动的设计

参考 7.3 节，编写电动机运动角度控制程序，控制电动机的运动形式。（略）

7.4.7 洗衣机各个功能状态的设计

一、初始化及准备阶段

洗衣机在运转之前必须有一个初始化的过程，包括对一些数据的清零。图 7.84 所示为前面板设计，图 7.85 所示为程序框图。

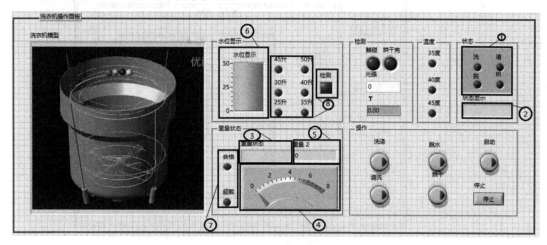

图 7.84 初始化前面板

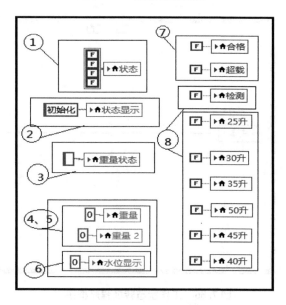

图 7.85 初始化程序框图

在执行初始化的程序状态时，用户可以将要洗涤的衣物放进滚筒里，这时候洗衣机的应变桥采集程序将会执行，用户将会根据自己的需求选择相应的功能，打开相应的功能开关（洗涤、清洗、脱水、烘干），选择完之后，打开"启动"按钮就会进入准备阶段。

二、洗衣机工作阶段

1. 工作状态判断

程序框图设计如图 7.86 所示,洗衣机工作阶段包括洗涤、清洗、脱水、烘干的功能,用户会根据自己的需求进行功能的选择。程序中设置了多个条件结构进行判断。

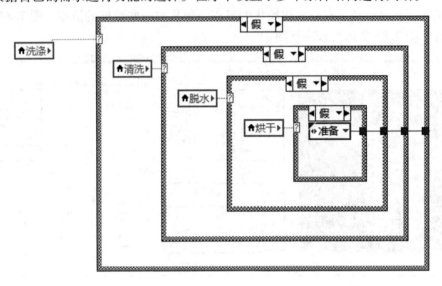

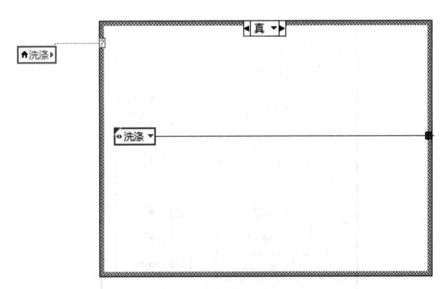

图 7.86 工作状态转换程序框图

2. 洗衣机的洗涤阶段

洗衣机的洗涤阶段,首先执行"进水"动作。然后,洗衣机电动机转动带动滚筒转动。在洗涤阶段的电动机转动是正转与反转交替进行的。

进水、排水程序编写:进水量是根据应变桥采集到的数值,也就是衣物的质量进行推荐的(25 升、30 升、35 升、40 升、45 升、50 升)。为了模拟进水的完整动作,设计了一个

"移位寄存器"进行递加、递减来模拟进水、排水的动作,程序如图 7.87 所示。

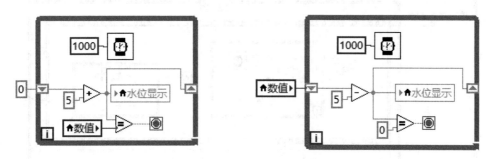

图 7.87 进水、排水程序

3. 后序动作的转换程序

洗涤动作结束后,需要判断下一步的动作,判断动作的程序如图 7.88 所示。

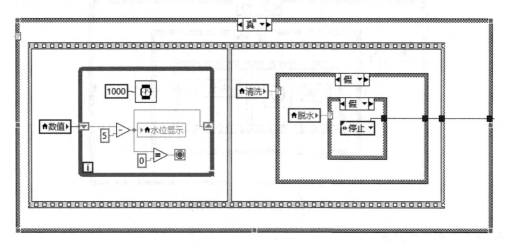

图 7.88 洗涤动作状态转换程序

设计思路:如果清洗开关状态为开,则执行清洗的动作;如果开关状态为没开,则继续判断脱水动作的开关状态;如果脱水开关状态为开,则直接跳转到脱水程序;如果清洗开关和脱水开关状态都为没开,则直接跳到停止的程序。

4. 洗衣机的清洗阶段

利用光敏电阻的光强值模拟水液的浑浊度,判断清洗是否干净,如图 7.89 所示。大于 27 就表示清洗干净,小于 27 表示没有清洗干净,则返回清洗状态,再次执行清洗的程序。

5. 洗衣机的脱水阶段

洗衣机的脱水阶段很简单,只有一个电动机转动程序。电动机转动程序和洗涤阶段、清洗阶段的区别:脱水阶段的转速更快,当洗衣机的电动机转动程序结束以后,则进入一个后序动作判断程序,如图 7.90 所示。

程序说明:当脱水动作结束以后进入判断程序,如果烘干开关状态为开,表示用户需要执行烘干的功能,程序就会跳转到烘干程序;如果烘干开关状态为没开,就会直接进入停止程序。

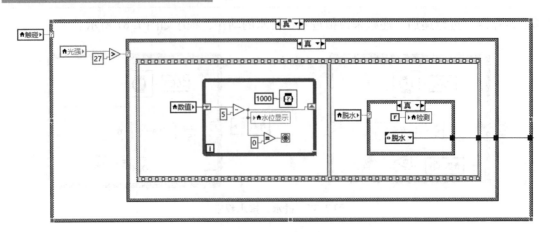

图 7.89　检测状态转换程序

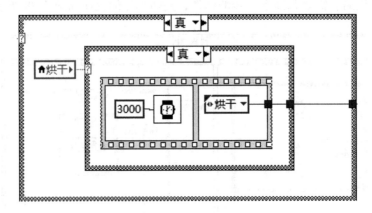

图 7.90　脱水状态转换程序

6. 洗衣机的烘干阶段

用 Nextboard 上的热电阻采集实际的温度值，烘干过程的程序如图 7.91 所示。在烘干的程序里，烘干需要的温度必须是 50 度以上。

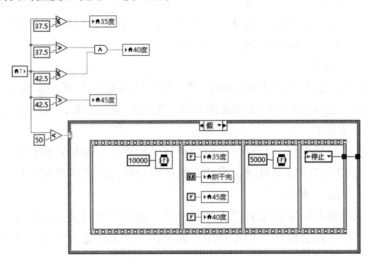

图 7.91　烘干程序

程序说明：在 LabVIEW 的前面板设置三个温度显示灯（35 度、40 度、45 度），通过显示灯的依次点亮，直观地理解加温过程。当温度在 50 度以上时，就会执行一个烘干任务。在此，通过恒温固定时间来模拟烘干的过程，烘干时间定为 10 s，烘干完成后，就会执行停止的程序。

7. 洗衣机的停止阶段

洗衣机停止阶段的程序很简单，此状态的主要目的是：在洗衣机执行完主体程序之后，清零回位，所有的指示灯熄灭，所有的数值显示清零，所有的文本显示清除，所有的开关都会关闭。

第 8 章　基于 ARM 的机电一体化课程设计

8.1　机器人基础知识概述

机电一体化最典型的结构就是智能机器人。机器人主要包括硬件和软件两部分。硬件部分主要包括：构成机器人身体的机械结构、产生动作的执行器、电源、各种传感器、控制器和电路系统。软件主要是指控制机器人的程序。为符合 Nextmech 机电一体化套件的实际开发需要，本书将以 LabVIEW 语言来讲述机器人相关程序设计。机器人是软件和硬件的有机结合，在设计机器人时一定要全面考虑，设计硬件时要考虑软件的算法实现能力；同时，在编写软件时也要考虑到硬件的执行能力。

机器人的设计、制作过程是一个复杂而系统的工程，主要包括以下几个步骤。

1. 任务分析

（1）了解设计和制作机器人的一般过程。
（2）了解制作机器人应具备的机械结构知识、常用机械材料及零件。
（3）了解机器人常用的传感、控制、执行部件。
（4）了解控制机器人常用的程序语言。

首先，充分了解机器人的应用场合和需要完成的任务。然后，根据应用场合和任务对要设计的机器人进行结构和策略规划，如机器人的外形、结构、传感方式、能源系统、完成任务方法等。最后，确定一个比较合理的整体方案。

2. 结构设计

机械结构设计主要包括行走机构、操作机构、框架和外形、轮廓尺寸、电池、传感器、主板等部分的安装位置和造型等。

机械结构要根据实际任务来设计，需要考虑以下几个问题：
（1）任务能否完成。
（2）电池能量是否够用。
（3）所安装的传感器、控制器的接口是否足够。
（4）外形和动作是否能协调、简单。
（5）机器人的结构件和连接件尽量选择型材和标准件。
（6）质量和尺寸是否超标等。

3. 机械动作设计

机械动作设计主要包括：行走方式和路线的规划、机械结构的承受能力及执行机构的动作编排。

4. 电路设计

电路设计主要包括：控制器的选型和控制电路的设计。

5. 硬件制作和组装

硬件制作和组装主要包括：机械结构的画图和制作；电路的画图和电子元件焊接；组装机械结构件和电路主板及安装传感器。安装过程中需要注意机构连接件的防松、电路与外壳及其他结构的绝缘等问题。

6. 程序编写

程序编写主要包括：测量电动机、舵机、传感器等感知系统和执行系统部件的参数；根据参数编写程序；实验室调试及现场调试。

7. 调试修改

根据场地实验情况修改程序和硬件，直到符合要求，并尽可能做到精益求精。程序的调试和修改非常重要，但这一部分的工作比较枯燥、单调。

8.1.1　机械结构

一、选材及常用零件

1. 选材

适合制作机器人框架的材料非常多，有铁合金、铝合金、铜合金等金属材料，也有橡胶、木材和纸板等非金属材料。这些材料有的价格昂贵，有的质量较大，有的强度较低。在制作机器人的构架系统时，可根据需要全面考虑后，再作出合理的选择。选材应遵循以下原则：

（1）实用原则：选材时，首先要计算机器人构架的强度和刚度，选择符合要求的材料。

（2）经济原则：材料不宜过度追求高质量而增加机器人的成本。

（3）优先原则：制作构架时应优先使用型材和标准件，以节约成本并缩短制作周期。

（4）美观原则：在不影响以上原则的前提下，制作出的机器人要尽量美观大方。

2. 标准件和常用件

（1）螺栓、螺母。

（2）垫圈、弹簧。

（3）轮：有直齿轮、斜齿轮、蜗轮蜗杆等。

（4）轴承：分滚动轴承、滑动轴承等。

二、机器人的执行机构

机器人的执行机构主要包括行走机构和操作机构，目前常用的执行元件主要有直流电动机和舵机。

1. 机器人的行走机构

机器人的行走机构首先要体现稳定性，其次是灵活性。目前，常见机器人的行走方式主要有足式、轮式、履带式三种。

1) 足式机器人

足式机器人的关节部一般采用空间开链连杆机构,其中的运动副(转动副或移动副)常称为关节,关节个数通常就是机器人的自由度数。出于拟人化的考虑,常将机器人本体的有关部位分别称为基座、腰部、臂部、腕部、手部等。采用几个足来交替迈步行走的机器人主要有两足式、三足式、四足式、多足式等。

足式机器人的关节自由度越多,行动就越灵活,但控制起来难度会成倍增大。足式机器人的优点:可以在不平坦的路面行走,如可以爬楼梯、跨越障碍等。足式机器人的缺点:动作缓慢,转身不灵活。

2) 轮式机器人

轮式机器人有两轮式、三轮式、四轮式、多轮式等。

优点:结构简单,动作灵活,定位准确。

缺点:不适合在不平坦的路面行走,特别是有楼梯时就更困难。

机器人常用的轮子主要有普通轮(主动轮)、万向轮(从动轮)、全向轮(主动轮)等。

由于轮式机器人结构简单,行走速度快,所以目前的绝大部分机器人都采用这种行走方式。

3) 履带式机器人

履带布置方式:双履带和多履带。

优点:兼有轮式和足式的优点,如越坑、爬楼梯等,其与地接触面大,所以稳定性较好。

缺点:同时兼有轮式和足式的缺点。

目前有部分机器人采用这种方式,如月球车、部分军用机器人等。

2. 机器人的操作机构

操作机构实际上是对人手的延伸,相当于人手与工具的组合,常见的操作机构有以下几种:

(1) 取物:可采用机械手、吸附、叉取、粘连等方法。

(2) 接力:可采用手对手、容器对手、翻倾装置对容器等。

(3) 灭火:可采用风扇、气球、扣罩等方法。

(4) 擂台:可采用挤、推、铲、击打、诱导等方法。

(5) 其他。

机器人能实现的功能多种多样,可以根据不同的需要设计出不同的操作机构。

8.1.2 驱动器

一、常用驱动电机

能够运动是机器的一个重要特征。要运动就必须有动力部件,以及由这些动力部件驱动的结构。机器人电动机驱动器的种类基本有以下4种。

1. 直流伺服电动机驱动器

直流伺服电动机驱动器多采用脉宽调制(PWM)伺服驱动器,通过改变脉冲宽度来改变加在电动机电枢两端的平均电压,从而改变电动机的转速。PWM 伺服驱动器具有调速范围宽、低速特性好、响应快、效率高、过载能力强等特点,在工业机器人中常用直流伺服电动机作为驱动器。

2. 同步式交流伺服电动机驱动器

与直流伺服电动机驱动器相比,同步式交流伺服电动机驱动器具有转矩与转动惯量比高、无电刷及换向火花小等优点,在工业机器人中得到广泛应用。根据其工作原理、驱动电流波形和控制方式的不同,它又可分为矩形波电流驱动的永磁交流伺服系统和正弦波电流驱动的永磁交流伺服系统。

采用矩形波电流驱动的永磁交流伺服电动机称为无刷直流伺服电动机,采用正弦波电流驱动的永磁交流伺服电动机称为无刷交流伺服电动机。

3. 步进电动机驱动器

步进电动机是将电脉冲信号变换为相应的角位移或直线位移的元件,它的角位移和线位移量与脉冲数成正比。转速或线速度与脉冲频率成正比。在负载能力的范围内,这些关系不因电源电压、负载大小、环境条件的波动而变化,误差不长期积累,步进电动机驱动系统可以在较宽的范围内,通过改变脉冲频率来调速,实现快速启动、正反转制动。作为一种开环数字控制系统,在小型机器人中得到较广泛的应用。但由于其存在过载能力差、调速范围相对较小、低速运动有脉动、不平衡等缺点,一般只应用于小型或简易型机器人中。

4. 舵机

舵机,顾名思义是控制舵面的电动机。舵机的出现最早是作为遥控模型控制舵面、油门等结构的动力来源。但是由于舵机具有体积紧凑、便于安装、输出力矩大、稳定性好、控制简单、便于和数字系统接口等特点,现在不仅仅应用在航模运动中,已经扩展到各种机电产品中,在机器人控制中的应用也越来越广泛。

一般来讲,舵机主要由舵盘、减速齿轮组、位置反馈电位计(5 kΩ)、直流电动机、控制电路板等部分组成。其工作原理是:控制电路板接受来自信号线的控制信号,控制电动机转动,电动机带动一系列齿轮组,减速后传动至输出舵盘。舵机的输出轴和位置反馈电位计是相连的,舵盘转动的同时,带动位置反馈电位计,电位计将输出一个电压信号到控制电路板,进行反馈,然后控制电路板根据所在位置决定电动机的转动方向和速度,达到目标停止。

8.1.3 常用传感器

机器人要自主地运动或者工作,必须依赖于对外界环境的感知和判断。机器人的传感子系统包括各种用于感知外界位置信息、距离信息、温度、湿度、光线、声音、颜色、图像、形状等的传感器,以及处理这些信息的电路。这些外界信息必须经过传感器变成电信号,进而通过处理电路变成控制子系统能够识别和处理的信号,才能被控制子系统所使用。作为控制机器人行为的依据,机器人传感器在机器人的控制中起了非常重要的作用,正因为有了传感器,机器人才具备了类似人类的知觉功能和反应能力。

一般机器人中传感器种类非常多,型号非常丰富,常用的有超声波测距传感器、红外传感器、摄像头、力传感器、触觉传感器,等等。下面介绍几种常用的传感器类型。

(1) 红外测距仪:使用一束反射的红外光来检测传感器与反射目标之间的距离。红外测距仪的用途包括机器人测距和物体探测、接近感应以及无接触开关等。

（2）超声波测距仪：测量从目标反射（传回）的、超出人耳听觉（40 kHz）的短声脉冲的往返飞行时间。将飞行时间乘以空气中的声速将获得目标距离。超声波测距仪的用途包括非接触性测距、物体探测、接近感应和机器人领域测绘等。

（3）黑/白标传感器：用来进行黑、白颜色的识别，可以从白色/黑色的背景中识别黑色/白色区域，或物体边缘。黑/白标传感器信号可以提供稳定的信号输出。

8.2 Nextmech 机电一体化套件简介

8.2.1 概述

Nextmech 是泛华测控专门为工科院校师生打造的机电一体化创新套件，结合了机械、电子、传感器、计算机软硬件、控制、人工智能和虚拟仪器等众多的先进技术，帮助学生在动手中培养综合创新能力。

Nextmech 机电一体化创新套件使用 LabVIEW，套件中包含大量的舵机、机械结构件、传感器等，以 Nextcore（ARM7）为核心。Nextcore 以 LPC23XX 系列 ARM 为主要芯片，支持 LabVIEW 对 Nextcore 进行编程和下载，并提供底层驱动，方便客户二次开发及功能扩展，学生可以通过创新套件里的机械零件和传感器搭建所需要的机械结构来完成创新类实验，方便学生的二次开发。

Nextmech 的特点：

（1）突出的机构设计。Nextmech 设计思路是用各种具备"积木"特性的基础机械套件，搭建出各种各样的机械机构。

（2）Nextmech 控制器使用高性能的 LabVIEW 核心控制器，可同时控制六个舵机、两个直流电动机、四个传感器，并且可以串联协同工作，比较适合用作智能机电系统的控制器。

（3）开放的电子端口。Nextmech 开放了包含控制器和传感器在内所有的电子部件的 I/O 接口，并且提供所有电子器件的电路图，供用户学习和使用。可以进行传感器、单片机、数字/模拟电路等课程相关的各种实验，极大地方便了有二次开发需要的用户。

8.2.2 Nextcore（ARM7）的简介

Nextcore（ARM7）开发板，是泛华 Nextmech 系统开发的控制器，该控制器提供 6 个 PWM 输出口、8 个 AI 输入引脚、2 个 AO 输出引脚（AD3 与 AO 输出共用同一引脚，不可同时使用），支持 I2C 和 PWM 输出等功能，实现教学平台的开发和学生的创新应用，各接口如图 8.1 所示。

图 8.1 Nextcore 实物

8.2.3 ARM 控制器

机器人控制器作为工业机器人最为核心的零部件之一,对机器人的性能起着决定性的影响,在一定程度上影响着机器人的发展。目前,由于人工智能、计算机科学、传感器技术及其他相关学科的长足进步,机器人的研究在高水平上进行,同时也对机器人控制器性能提出更高的要求,对于不同类型的机器人,控制器的设计方案也不一样。本书以 ARM 为例介绍机器人控制器。

一、ARM 概述

ARM 处理器是英国 Acorn 有限公司设计的低功耗成本的一款 RISC 微处理器,全称为 Acorn RISC Machine,是一种 32 位嵌入式 RISC 处理器。具有如下特点:体积小、功耗低、成本低、性能高,支持 Thumb(16 位)/ARM(32 位)双指令集等。ARM 处理器的产品系列非常广,包括 ARM7、ARM9、ARM11 等,以及其他厂商基于 ARM 体系结构的处理器。除了具有 ARM 体系结构的共同特点以外,每一系列提供一套特定的性能来满足设计者对功耗、性能、体积的需求。ARM7 系列广泛应用于多媒体和嵌入式设备,包括 Internet 设备、网络和调制解调器设备,以及移动电话、PDA 等无线设备。实验中,Nextmech 机电一体化套件采用 ARM7 作为核心控制器。

二、LabVIEW for ARM 嵌入式开发模块

LabVIEW for ARM 嵌入式开发模块是一个完整的图形化开发环境,由 NI 联合 Keil 公司开发而成。LabVIEW for ARM 是针对 ARM 微控制器的嵌入式模块,用于连接 LabVIEW 软件到各种支持 RTX 内核的 ARM 微控制器,实现了一个完善的解决方案。使用这个模块对 ARM 芯片开发,可投入较少费用,并较快完成开发任务。模块建立在 NI LabVIEW 嵌入式技术之上,让嵌入式系统开发移植到大家熟悉的数据流图形环境,包含数以百计的分析和信号处理函数,集成 I/O,以及交互式调试接口。使用 ARM 嵌入式模块,能使用 JTAG、串口或 TCP/IP 口在前面板查看数值更新,这个模块包含 LabVIEW 代码产生器,将编写的程序框图转换成 C 代码。

如果选择一个支持 RTX 和实时代理的 ARM 硬件,连接是十分简单的。首先,在 LabVIEW 内创建目标硬件,同时整合到 Keil 工具链。其次,使用 Elemental I/O 向导去创建 Elemental I/O 的节点,便于在新设备上访问合适的内存镜像寄存器。若选择的 ARM 硬件不支持 RTX,则必须完成一些额外的工作去配置这个操作系统,之后加入实时代理模块。

ARM 嵌入式控制器与 PLC 功能类似,它能够控制各种设备以满足自动化控制需求,其与 PLC 的区别在于,ARM 嵌入式控制器采用图形化的 LabVIEW 编程语言进行程序设计和控制,实现软硬件的连接。

三、LabVIEW for ARM 模块的安装与程序下载

软硬件的连接必须在 LabVIEW 中安装 LabVIEW for ARM 模块,如图 8.2 所示。图 8.3 所示为 ARM 安装与程序下载界面。

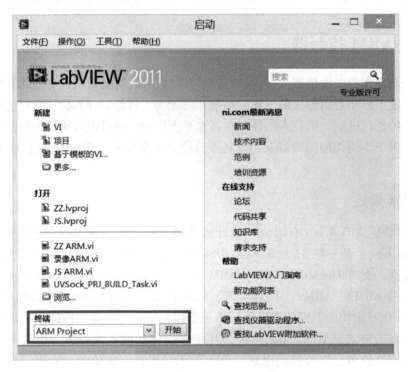

图 8.2　LabVIEW for ARM 界面

图 8.3　ARM 的安装与程序下载界面

四、ARM 中 VI 的创建

安装过 LabVIEW for ARM 驱动软件后，LabVIEW 开始界面如图 8.2 所示。单击"ARM

Project"后的"开始"按钮,开始创建 VI。创建中注意,勾选"MCB-2300",并单击"保存"命令,选择保存位置,并给 VI 命名,即可完成创建。

如图 8.4 所示,在弹出的窗口中,单击中间的左、右箭头图标,添加或移除相应传感器信号接口。添加后的引脚或接口可以直接拖拽到程序框图里,进行调用编程,进而完成程序的创建。图 8.5 所示为 PWM 的添加和移除。

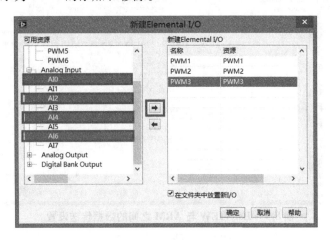

图 8.4 传感器信号接口的添加和移除

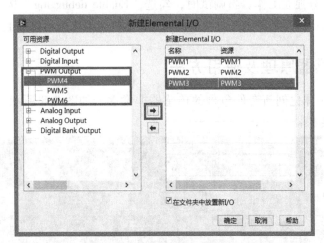

图 8.5 PWM 的添加和移除

程序编写完成后,Nextcore 与计算机之间的连接如图 8.6 所示。运行程序的同时,完成了程序与 Nextcore 的数据读写工作,即可进行机械动作的观测以及程序的调试。

注:当程序编程结束后,单击"运行"按钮,就会将程序烧录进 ARM,会有两种选择。如图 8.7 的窗口中,双击"Application"选项,弹出"设置"窗口,当"Enable debugging"勾选时,可以在计算机上对程序进行实时状态的监控、观察,程序

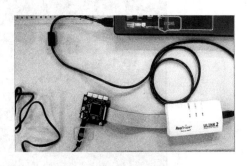

图 8.6 程序装载的硬件连接

并未写入 ARM，LabVIEW 与 ARM 之间有实时的数据传送，方便程序在计算机上调试。

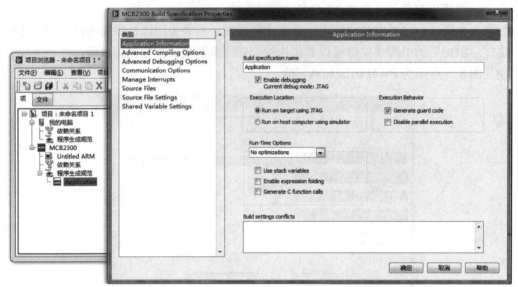

图 8.7　LabVIEW 与 ARM 之间的数据传送设置

当"Enable debugging"取消勾选时，则程序写入 ARM 芯片里，写入后 LabVIEW 与 ARM 之间脱离联系，两部分独立工作。当调试时，勾选"Enable debugging"选项可以在电脑上显示出传感器等的数据；程序都调试好时，取消勾选，这样机器人就可以插上电池独立运行了。

8.2.4　传感器原理及使用方法

Nextmech 机电一体化创新套件包含的传感器非常多，如图 8.8 所示。在这里只列出机械臂所使用的部分传感器。

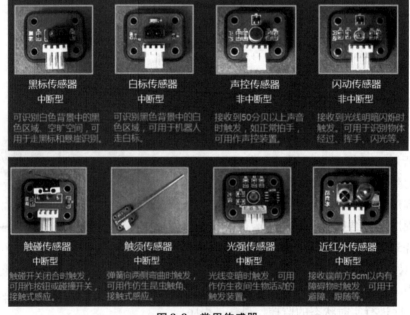

图 8.8　常用传感器

近红外传感器：如图 8.9 所示，近红外传感器可以发射并接收反射的近红外信号，有效检测范围在 20 cm 以内工作，电压为 4.7~5.5 V，工作电流为 1.2 mA，频率为 37.9 kHz。

触碰传感器：触碰传感器用来检测是否有物体碰触到开关，通过开关的动作触发相应的信号。触碰开关有效距离为 2 mm。

图 8.9 近红外传感器

1—固定孔；2—回芯输入线接口；
3—近红外信号发射头；4—近红外信号接收头

黑/白标传感器：黑/白标传感器可以帮助进行黑线/白线的跟踪，可以识别白色/黑色背景中的黑色/白色区域，或悬崖边缘。寻线信号可以提供稳定的输出信号，使寻线更准确更稳定。有效距离在 0.7~3.0 cm 之间，工作电压为 4.7~5.5 V，工作电流为 1.2 mA。

触须传感器：触须传感器可以检测到物体对弹簧触须的有效触动。安装时通常是将弹簧与地面平行，有效触动角度为 45°。

Nextmech 机电一体化创新套件的传感器为了方便与 Nextcore（ARM）连接，全部统一规格，接口也是全部一样，其引脚具体如图 8.10 所示，引脚 1 是 GND 地，引脚 2 是 VCC 电源，引脚 3 是 Singal 信号，引脚 4 是 NC 空置的。

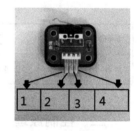

图 8.10 传感器引脚

8.2.5 舵机

一、概述

Nextmech 套件中有两种舵机，分别为标准舵机 M01 和圆周舵机 M02。

标准舵机结构如图 8.11 所示。圆周舵机与标准舵机结构大致类似，但标准舵机存在限位器，只能在一定的角度内旋转，通常有 180°、270° 和 360°。此外按照舵机接收信号的特点不同，舵机又可分为模拟舵机和数字舵机，模拟舵机需要持续发送 PWM 信号才可以保持锁定角度，精度较差，线性度不好；而数字舵机在使用时，对其发送一次 PWM 信号就能锁定角度不变，控制精度高，线性度好，响应速度快，但价格较模拟舵机高。

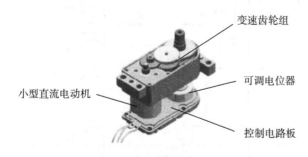

图 8.11 标准舵机结构

在硬件上，圆周舵机由标准舵机改造而成。拆除标准舵机中电位器与减速箱之间的反馈电路，使标准舵机的电动机无法判断自身转动角度而持续转动。因此，圆周舵机在软件控制原理上与标准舵机相同，都是 PWM 控制。实验中用到的舵机，如图 8.12 和图 8.13 所示。表 8.1 所示为舵机的具体参数。

图 8.12　标准舵机

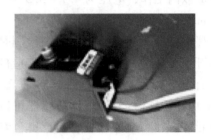

图 8.13　圆周舵机

表 8.1　舵机的具体参数

速度	扭矩	转动角度	额定电压	额定电流	周期
0.16s/60°	2.4 kg·cm	±90°	6.0 V	0.9 A	20 ms

二、控制原理

脉宽调制（PWM）原理：采用一个固定频率的周期信号去控制电源的接通和断开时间，并且可以根据需要去改变一个周期内"接通"或"断开"时间。依此来改变电动机电枢电压的"占空比"，以间接改变平均电压的大小，控制电动机的转速。因此，PWM 系统又被称为"开关驱动装置"。

PWM 信号采用 20 ms 的信号，其中脉冲宽度从 0.5～2.5 ms，分别对应标准舵机 M01 的转角终止位置为 -90°～90°。对于标准舵机而言，理论上舵机输出转角与输入脉冲的关系如图 8.14 所示。在实际应用中，经过多次实验验证，占空比在 3%～12% 时，所对应的角度为 -90°～90°。PWM 信号的占空比与舵机终止角度的关系如图 8.15 所示。

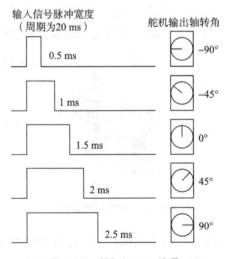

图 8.14　舵机 PWM 信号

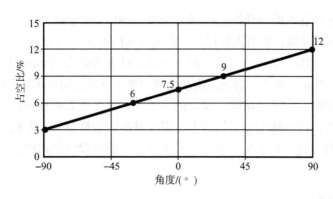

图 8.15 占空比与舵机角度的曲线

对于圆周舵机，PWM 信号控制的是转速的大小和方向，如图 8.16 所示。控制原理为：当电动机一直接通电源时，$t_1 = T$，$t_2 = 0$，电动机转速最大，设为 $V_{\max}$，占空比为 $D = t_1/T$，则不同占空比时，电动机的平均速度大小为 $V_a = V_{\max} \times D$，其中 V_a 是不同占空比对应的电动机的平均速度。由此可见，当改变占空比 D 时，可以得到不同的电动机平均速度 V_a，进而达到调速的目的。从理论上来讲，平均速度 V_a 与占空比 D 为线性关系。即当输入为 0 时，舵机无转速，理论上输入值在 0～7.5 ms 时与在 7.5～15 ms 时的转速是对应大小相同、方向相反的，且在 7.5 ms 时几乎转速为零。但是由于不同舵机有着或大或小的制造误差，转速近似于零的点往往不是在 7.5 ms，而且转

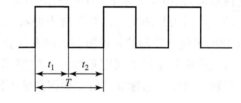

图 8.16 PWM 信号的占空比

速的大小变化与输入常量之间也不是严格的线性相关。实际的应用中，我们只能近似地看成线性关系。

舵机是一种位置伺服的驱动器，转动范围不能超过180°，适用于那些需要角度不断变化并可以保持的驱动中。例如，机器人的关节、飞机的舵面等。

实际上，舵机的控制电路处理的并不是脉冲的宽度，而是其占空比，即高低电平之比。以周期 20 ms、高电平时间 2.5 ms 为例，实际上如果给出周期 10 ms、高电平时间 1.25 ms 的信号，对大部分舵机也可以达到一样的控制效果。但是周期不能太小，否则舵机内部的处理电路可能紊乱；周期也不能太长，例如控制周期超过 40 ms，舵机就会反应缓慢，并且在承受扭矩的时候会抖动，影响控制品质。

三、使用方法

舵机的输入线共有三条，中间红色是电源线，一边黑色的是地线，这两根线给舵机提供最基本的能源保证，主要用于电动机的转动消耗；另外一根线是控制信号线，Futaba 的一般为白色，JR 一般为橘黄色。电源有两种规格，4.8 V 和 6.0 V，分别对应不同的转矩标准。

使用时，舵机控制程序 PWM 有三个设置参数，一个为 PWM 信号的输出端口；一个为 PWM 信号的频率，一般采用频率为 50 Hz 的信号，输入常量即 PWM 调制信号的脉冲宽度 20 ms；另一个为占空比，通过数学运算使占空比转换为脉冲宽度，使其在输入时为 0.5～

2.5 ms，分别对应标准舵机的转角终止位置为 -90°~90°。对于圆周舵机，则控制的是转速的大小和方向，输入为 0 时，舵机无转速，理论上输入值在 0.5~1.5 ms 与 1.5~2.5 ms 转动方向相反，且在 1.5 ms 时几乎转速为零。由于不同舵机有着或大或小的制造误差，转速近似于零的点往往不在 1.5 ms。因此，转速的大小变化与输入常量之间也不是严格的线性相关。

注意：舵机使用时，应避免堵转。堵转的意思就是人为或者机械阻碍舵机输出轴正常转动。舵机堵转会导致内部电流增至 7 倍以上，温度升高，这样会引起舵机烧坏。一般在舵机驱动的机械结构较重，超出其扭矩大小时，发生堵转。所以设计结构时，要考虑所选舵机的承载能力。

四、舵机的调用

1. 舵机子 VI 简介

不论是圆周舵机 M02 还是标准舵机 M01，控制其转动的程序都可以使用泛华提供的 PWM_Init 和 PWM_Out 两个子程序来进行。PWM_Init 用于初始化舵机，PWM_Out 控制舵机具体运行。如图 8.17 中，程序的两个输入端的功能分别为：第一个输入常量，用于确定受控对象为 ARM 的那个 PWM 输出引脚，数字即引脚序号，表示舵机和 ARM 的接口；第二个输入常量为脉冲宽度，对于圆周舵机 M02 来说，控制的是舵机转速及方向，对于标准舵机 M01 来说，控制的是舵机的方向和终止位置。圆周舵机可以像轮子一样一直循环转动，而标准舵机则只能转动固定角度，无法整圈转动。圆周舵机根据编写数值不同来控制其正转、反转、快慢，而标准舵机则根据数值不同控制其转动的位置。

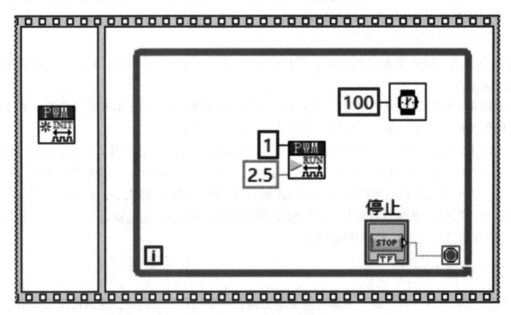

图 8.17 最基本的舵机程序

2. 舵机的程序运行

图 8.17 所示为最基本的舵机运行程序。采用顺序程序，为了保证舵机一直保持转动或运行，可以加 While 结构，除此之外，初始程序需要一定的反应时间，所以需要在程序中加入定时程序。

3. 舵机的标定

舵机在实际使用时，要先对其进行标定，确定输入与输出的关系曲线。理论上，在 PWM_ Out 中，PWM 脉冲宽度设置在 0~15 之间的一个数值，0~7.5 为正转，7.5~15 为反转，0 与 7.5 时速度为 0，越接近 7.5 的数值，角速度越小，反之越大。实际测试中，中值一般不是 7.5，而是 7.3 左右。因此，需要对实际使用的舵机标定，以得到中值。图 8.18 所示为圆周舵机的脉宽比。

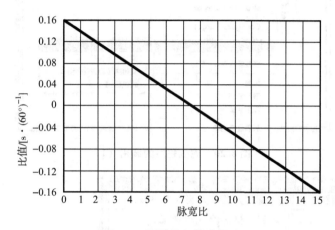

图 8.18　圆周舵机的脉宽比

由图 8.18 看出，横坐标脉宽在无限接近 0 时，速度为 0.16s/60°。

对于标准舵机的标定如图 8.19 所示，理论上 PWM 脉冲宽度 0~15 对应不同角度，但实际使用中，由于其转动的速度和安装的位置等，输入与输出关系需要实验人员多调试。

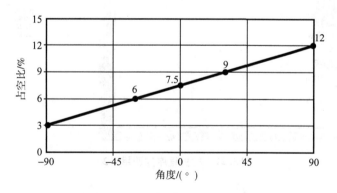

图 8.19　标准舵机的角度与脉宽关系

4. 舵机程序的调用

在项目浏览器里的 MC2300 处，鼠标右键单击"添加"命令，选择"文件"选项，如图 8.20 所示。找到控制舵机的两个程序 PWM_ Init.vi 和 PWM_ Out.vi，然后单击"添加文件"命令，如图 8.21 MCB2300 下面就出现了舵机的子 VI，将这两个子 VI 拖入程序的后面板，就调用了舵机的 VI。

图 8.20　舵机程序的调用（1）

图 8.21　舵机程序的调用（2）

8.3　机电一体化套件的基础应用开发

8.3.1　小车的基本结构搭建

一、实验目的

了解机器人和机电一体化技术的基本原理和基本知识。

二、实验原理

了解 Nextmech 各种构件的用途,并用现有的构件搭建出一辆小车,利用传感器采集信号,利用 ARM 控制舵机驱动小车。

三、实验仪器、设备

Nextmech 机电一体化套件。

四、实验步骤

1. 主动轮的安装

图 8.22 所示为安装时所需的各种结构。首先,将舵机装入电动机支架中,用四个螺丝与螺母上紧。然后,将输出头安装在舵机上,用螺柱连接联轴器和输出头,注意输出头的螺丝必须拧紧以防小车松动。最后,将联轴器和车轮用螺丝拧紧,主动轮就安装完成了,如图 8.23 所示。

图 8.22 安装轮所需的各种结构

图 8.23 安装好的主动轮

2. 从动轮的安装

（1）将两个圆形片用螺柱拧紧，组成一个小轮。在两个双折面板上用螺柱固定螺丝，在小轮中加入合适的轴套。

（2）将这三部分连接在一起，最后安装在车身上固定，如图 8.24 所示。

图 8.24 舵机程度的调用（1）

3. 车身的安装

小车的车身主要是放置 ARM，并安装传感器。所以，选择 7×11 孔平板。由于 ARM 不能接触金属安装，否则会出现干扰，所以选择用螺柱将 ARM 与车身连接。小车模型如图 8.25 所示。

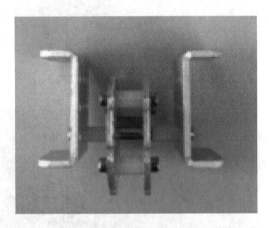

图 8.25 安装好的从动轮

8.3.2 典型连杆机构——四足机器人的搭建

连杆机构又称低副机构，是由若干个（两个以上）有确定相对运动的构件用低副（转动副或移动副）连接组成的机构。平面连杆机构中最基本也是应用最广泛的一种形式是：

由四个构件组成的平面四杆机构。连杆机构广泛应用于各种机械和仪表中。

四足机器人是连杆机构运用在机器人上的一个体现，零件选择如图 8.26 所示。

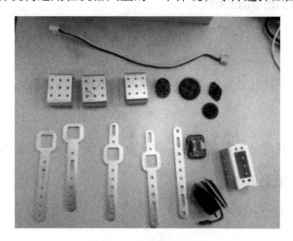

图 8.26　搭建所需零件

（1）先搭建舵机部分，选择 J04 铁板，将安装好的舵机和 J04 铁板安装在一起。

（2）机器人关节的安装。将舵机装入电动机支架中，用螺丝连接输出头和舵机；再用螺丝将电动机后盖输出头和舵机的输出头用舵机双折弯连接，组成一个关节。

（3）机器人支撑结构的安装。将两个关节连接，构成机器人的腿部。脚部用螺丝将双折面板分别与舵机和两个双足连杆连接。

（4）机器人身体的安装。选择 7×11 孔平板，并用 90°支架连接身体与胳膊关节。这样，机器人的基本搭建就完成了，如图 8.27 所示。

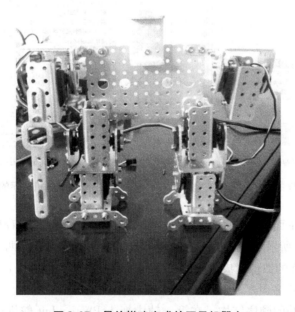

图 8.27　最终搭建完成的四足机器人

8.3.3 简单的舵机控制

一、实验目的

了解机器人和机电一体化技术基本原理和基本知识,培养学生机电一体化设计的能力。

二、实验原理

学会用软件编写舵机的基本控制程序,并将程序烧录进小车,使小车完成基本的动作。

三、实验仪器、设备

Nextmech 机电一体化套件。

四、实验步骤

1. 调用舵机程序

在项目浏览器的 MCB2300 处,鼠标右键单击 "添加" 命令,选择 "文件" 选项,如图 8.28 所示。

找到控制舵机的两个程序 PWM_ Init. vi 和 PWM_ Out. vi,然后单击 "添加文件" 命令,如图 8.29 所示。

图 8.28 舵机程序的调用 (1)　　　图 8.29 舵机程序的调用 (2)

然后,MCB2300 下面就出现了舵机的子 VI,将这两个子 VI 拖入程序的后面板,就调用了舵机的 VI。图 8.30 所示为拖入后面板的两个子 VI。PWM_ Out 有两个数据,上面的数值为所对应的引脚,下面的数值对应不同的速度或转动方向(圆周舵机)。

2. 基本舵机控制程序创建

(1) 创建一个两帧的顺序结构,在第一帧内拖入 PWM_ Init 舵机初始化子程序,第二帧创建一个 While 循环,并拖入 PWM_ Out 子程序,将其第一个输入常量设置为所要控制的

图 8.30 舵机程序的调用（3）

舵机引脚序号，第二个常量设置为 0～15 之间的数字，用来控制舵机转角和方向。在 While 循环内放置一定的延时给程序一定的循环频率，同时添加循环终止条件用来停止程序。基本舵机控制程序如图 8.31 所示。

（2）制作用一个子程序控制多个舵机的运动，程序框图如图 8.32 所示，前面板如图 8.33 所示。首先，给第一个常量，即 Channel（舵机频道），创建输入控件；然后，给第二个常量 Duration%（持续时间%），创建输入控件。如一个子程序需要控制两个舵机，则再重复一次以上步骤。

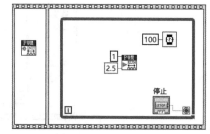

图 8.31 基本舵机控制程序

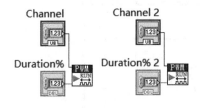

图 8.32 程序框图

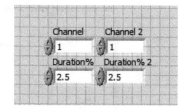

图 8.33 前面板

设置新的子程序接线端，如图 8.34 所示。先单击 Channel，然后单击右上角接线处定义接线端，依次进行 Duration%、Channel 2、Duration% 2 的接线端设置，然后保存子程序。

这样，子程序就可以实现一个程序控制两个舵机运动，不用累赘地在程序中多次使用原来程序，实际使用效果如图 8.35 所示。

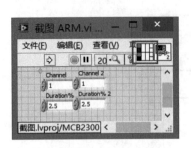 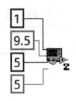

图 8.34　接线端设置　　　　　图 8.35　实际使用效果

3. 舵机应用程序编写

（1）小车的直行程序。由于小车两个舵机为对称安装，所以要想保持直行，必须两个轮子方向相反，速度相同，如左轮的速度数值为 9，舵机与 ARM 一号引脚连接，则右轮就需要相反方向速度相同，应为 6，舵机与 ARM 二号引脚连接，所以最后的程序如图 8.36 所示。

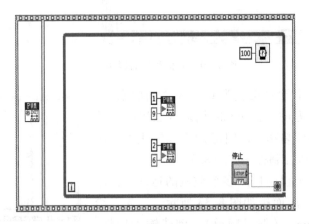

图 8.36　小车直行程序示例

（2）小车的拐弯程序。小车拐弯时，以向左拐为例，保持左轮不动，而右轮向前转动，就会呈现出向左拐的运行状态，假如右轮的运行速度数值为 2.5，程序如图 8.37 所示。

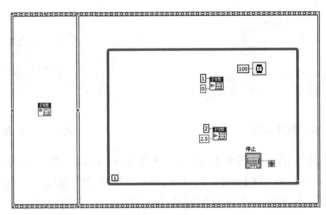

图 8.37　拐弯程序示例

五、思考题

（1）利用软件编写舵机的基本控制程序，将程序烧录进小车，并使小车完成基本的动作。

（2）制作用一个子程序控制多个舵机的运动程序。

六、注意事项

舵机控制程序的添加：在项目浏览器的 MCB2300 处，鼠标右键单击"添加"命令，选择"文件"选项，找到控制舵机的两个程序 PWM_ Init. vi 和 PWM_ Out. vi，然后单击"添加文件"命令即可完成。

8.3.4 传感器控制舵机的基本控制程序编写

一、实验目的

了解机器人和机电一体化技术基本原理，使学生对机器人和机电一体化技术有一个完整的理解，培养学生机电一体化设计的能力。

二、实验原理

学会用软件编写传感器控制舵机的基本控制程序，并将程序烧录进小车，使小车完成稍微复杂的动作。

三、实验仪器、设备

Nextmech 机电一体化套件。

四、实验步骤

1. 采集传感器输出信号的程序

在项目浏览器中右键单击"新建"命令，选择"Elemental I/O"选项，如图 8.38 所示，选中 Analog Input，选择传感器连接的不同引脚，单击向右的箭头，单击"确定"按钮，传感器信号就在项目浏览器管理器里了。然后，在项目浏览器中拖拽所需要用到的传感器到后面板上，如图 8.39 所示。

2. 调用传感器信号程序

如图 8.40 所示，While 循环内部的程序即传感器的一种调用方式。首先将项目浏览器中添加的传感器接口拖入 While 循环内部，然后引入条

图 8.38　调用传感器程序（1）

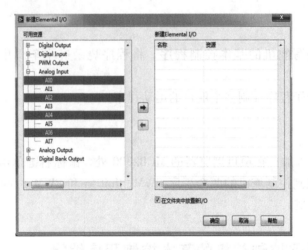

图 8.39 调用传感器程序（2）

件结构对其输出值进行判断，条件结构将根据判断结果跳转到不同的分支去执行不同的动作。

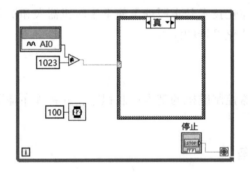

图 8.40 传感器的调用方法

3. 单个传感器控制舵机示例

1）小车的直行变转弯程序

当传感器等于"1023"时，即有信号，判断为真，此时两舵机为 7.2、7.5（此舵机的中值为 7.35），表示为前进，如图 8.41 所示。

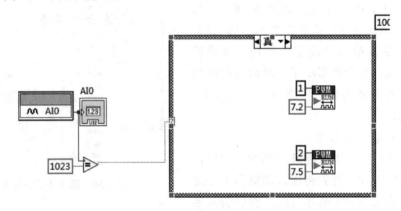

图 8.41 直行变转弯程序

当传感器不等于"1023"时,即无信号,判断为假。此时两舵机分别为7、0,表示向左转。然后,再添加舵机的初始化程序和While循环,让程序一直运行,最终程序如图8.42所示。

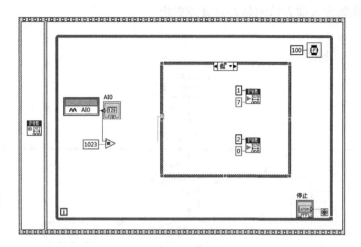

图 8.42　直行变转弯最终程序

假如传感器为触碰传感器,则此程序烧录进ARM,将实现小车直行,一旦摁住触碰开关,则小车实现转弯。

2) 小车的红外控制暂停设计

传感器为红外传感器,有信号时,小车停止运行;没有信号时,小车直行。基本原理与直行变转弯相同。

当传感器等于"1023"时,没有信号,判断为假,此时小车运行,程序如图8.43所示。

当传感器不等于"1023"时,有信号,判断为真,此时小车停止。后面与上一个程序原理相同,初始化舵机必须加入顺序结构,使程序不断运行,加入While循环。最终程序如图8.44所示。

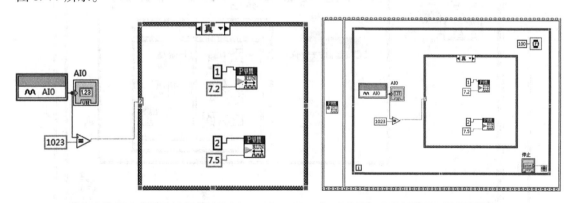

图 8.43　红外控制暂停程序　　　　　　图 8.44　红外控制暂停最终程序

注意:传感器所用编号要对应所插的引脚,舵机也一样。

4. 两个传感器控制舵机运动实例

1) 控制逻辑

以"逃命机器人"为例,当后面有人追它时,他会向前跑,如果跑的时候碰到障碍,它会选择转弯后直行逃跑。机器人需要两次判断，首先判断是否有人追，如果有人追，判断是否前方有障碍。使用近红外传感器和触碰传感器，把红外传感器放在小车后部检测是否有人追，将触碰传感器放入前方检测是否碰着障碍物。

2）流程图

流程图如图8.45所示。

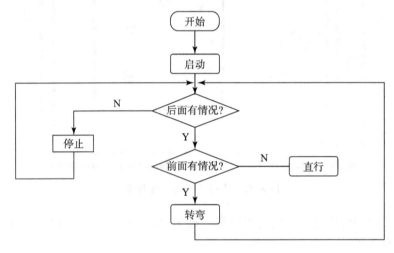

图8.45 流程图

3）最终程序

由流程图可以编写程序，如图8.46所示。注意：由于前方触碰到东西，无法直接转弯，需先后退再转弯，故加一个顺序结构，并用定时器来控制后退的距离和转弯的角度。

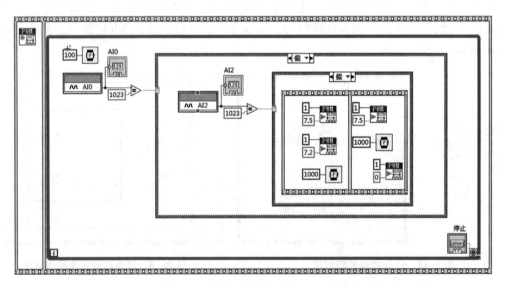

图8.46 最终程序

5. 多个传感器控制多个舵机

将传感器数据转换为布尔数组进行整体控制，完成复杂的多个传感器控制多个舵机实验。

1）布尔数组在多个传感器控制中的应用

由于传感器一般只有两个信号,有或者无,因此,可以把多个传感器的信号组成一个二进制数组。当有信号时,设为 1;无信号时,设为 0。这样两个传感器就可以有四种情况,分别是 00、01、10、11。把这个二进制数组转换为十进制的数值,再判断这个十进制数值为几,来控制舵机的状态,以此类推。因此,要引入布尔数组。

2）传感器信号转换为布尔数组

在前面板上插入布尔量,然后判断传感器信号是否为"1023",将判断结果连接布尔量,程序框图如图 8.47 所示。

3）布尔数组转换为十进制数

将布尔量组成一个布尔数组,并将布尔数组转换为十进制数,程序框图如图 8.48 所示。

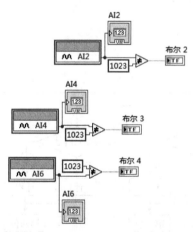

图 8.47　传感器信号转换为布尔数值

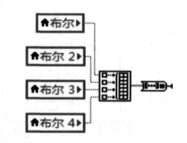

图 8.48　布尔数组转换为十进制数

4）利用十进制数进行判断

将十进制数进行一个条件结构的判断,此时的条件结构根据十进制数的大小添加不同的条件,如四个布尔数组成的十进制数可以组成 0~15 的 16 个数,所以总共需要 16 个条件。再在不同的条件下添加舵机不同的运行状态。条件结构程序如图 8.49 所示,程序流程图如图 8.50 所示。

5）应用举例——四传感器控制四舵机

控制策略：设计一个遥控车,有四个控制按钮（触碰传感器）,分别是前进、后退、左转、右转,可以实现直行（前进）、后退、直行右转（前进+右转）、直行左转（前进+左转）、后退右转（后退+右转）、后退左转（后退+左转）等组合。

将 0 号传感器设为前进, 2 号传感器设为后退, 3 号传感器为左转, 4 号传感器设为右转。这样前进为 0001,十进制数为 1;后退为 0010,十进制数为 2;前进左转为 0101,十进

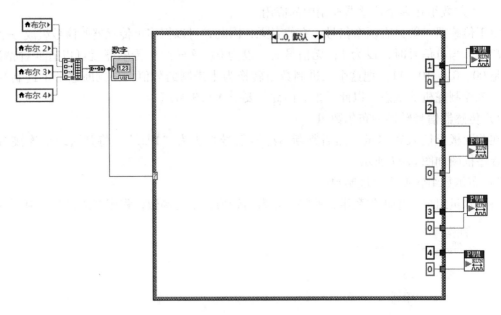

图 8.49 布尔量的判断程序

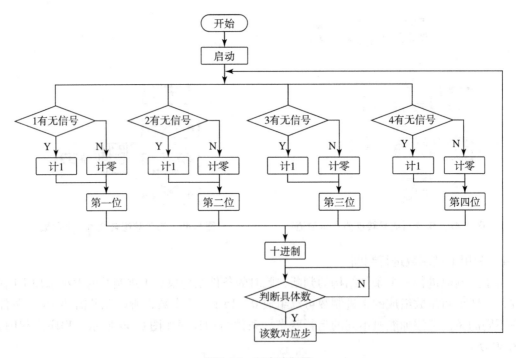

图 8.50 程序流程图

制数为 5;前进右转为 1001,十进制数为 9;后退左转为 0110,十进制数为 6;后退右转为 1010,十进制数为 10。共 6 种状态。在各状态下,加入舵机不同的运行状态。只需把通用程序中的舵机状态稍作改变,就可以实现遥控车,程序如图 8.51 所示。加上舵机的启动和 While 循环,最终程序如图 8.52 所示。

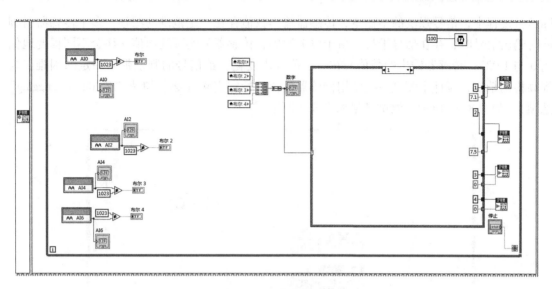

图 8.51 遥控车的程序

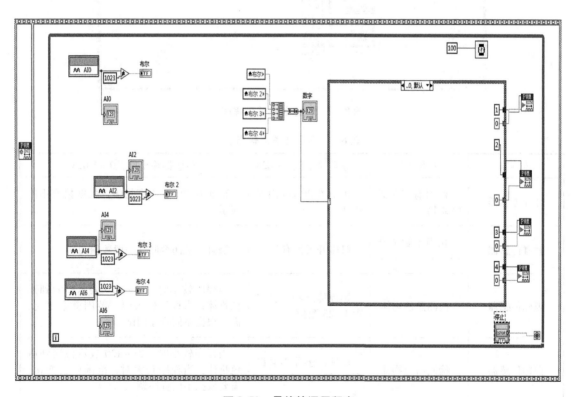

图 8.52 最终的通用程序

注：条件结构内的舵机都设置初始状态为 0，此外还可以在条件结构内添加其他程序，如 LED 模块或语音模块。

6. 传感器使用前的标定

一般传感器的输出为 0～1 023 之间的数值，不同种类的传感器有一定区别。在传感器的使用过程中，理想状态下传感器无信号时输出值是 1 023，有信号时输出值为 0。但是实际运行过程中，信号强度的不稳定，传感器输出数值存在一定范围的漂移，多个传感器引脚同时输出信号时，存在信号干扰。由于以上原因，传感器的实际输出值往往会不同程度地偏离 0 与 1 023，传感器输出的数值会在一定范围内变化，给信号的判别带来一定的困难。为提高检测精度，设计了测试一些常用传感器数值的标定实验（必须勾选"Enable debugging"选项），如图 8.53 所示，测试结果如表 8.2 所示。

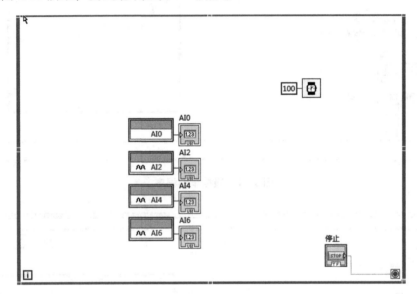

图 8.53　传感器测试小程序

表 8.2　实际传感器输出值

传感器	功能简介	传感器输出值：1 023	传感器输出值：0～1 023
红外传感器	检测前方有无障碍物	正前方 20 cm 内无物体	正前方 20 cm 内有物体，根据数值不同表示
触碰传感器	相当于触碰开关	触碰开关没有闭合	触碰开关闭合时，一般数值为 0
黑标传感器	检测黑色物体	黑标传感器不会出现 1 023 数值	当程序较小时，20～120 表示检测到黑色物体；当程序较大时，范围就会变化，需要根据不同程序调试
白标传感器	检测白色物体	白标传感器不会出现 1 023	当程序较小时，20～120 表示检测到白色物体；当程序较大时，范围就会变化，需要根据不同程序调试
光强传感器	检测有无光线	检测到很强的光照	没有光照
声控传感器	检测声音	传感器没有检测到很大分贝的声音	传感器附近没有声音
触须传感器	检测前方有无障碍物	触须弯曲小于 45°（触须没有碰到铜环）	触须弯曲大于 45°

五、思考题

举例说明四传感器控制四舵机的程序编制策略,并编写控制程序实现所要求的动作。

六、注意事项

(1) 添加传感器时,在项目浏览器中鼠标右键单击"新建"命令,选择"Elemental I/O"选项,选中"Analog Input",选择传感器连接的不同引脚,单击向右的箭头,单击"确定"按钮,即可完成传感器信号的输出。

(2) 传感器使用前标定时需要注意的是:实际运行过程中,信号强度的不稳定,传感器输出数值存在一定范围的漂移,多个传感器引脚同时输出信号时,存在信号干扰。由于以上原因,传感器输出的数值会在一定范围内变化,这是正常现象,标定后即可使用。

8.4 典型案例设计——基于 ARM 的自动搬运机械手设计

8.4.1 机器手设计目标及总体设计过程

一、设计目标

基于 ARM 控制机械手臂进行前伸、上下移动、左右移动及夹取等基本动作,实现简单运输功能。

在以上基本功能实现的基础上,设计目标为一款自动搬运机械手,能够自动检测待搬运物体位置,并自动启动搬运指令和放置指令,进而实现稳固抓取物体和将物体放置到指定位置的功能。

二、总体设计过程

搬运机械手的设计分为运动方案设计、硬件设计与软件控制系统设计。运动方案设计要受硬件条件的限制,运动方案又决定了硬件搭建,硬件与运动方案共同决定软件程序的设计。

首先,对要完成预定功能的机械手进行运动简图和顺序流程设计,对运动方案进行运动学分析。然后,将零件导入建模软件建立模型进行虚拟结构设计与装配,并优化结构。

其次,对模型进行运动学仿真和分析。接着,对设计结构进行实体搭建,在组装过程中完成对结构的调整。检查结构是否满足完成预定动作的要求。

最后,设计控制部分软件顺序流程图程序,结合传感器和 ARM 控制器,对程序进行调试。检查是否能控制舵机完成预定动作和对传感器信号是否能正确处理,调试结束完成整个设计过程。

8.4.2 机械手机构运动简图与顺序功能图

搬运机械手的主要执行部分为机器手的大臂、腕部、手爪三部分。机械手能否准确到达目标物体位置、准确抓取物体及将物体放置在目标位置,是由机械手的自由度决定的。通常,机械手在空间的位置和运动范围主要取决于手臂部分的自由度。为了使机械手能够到达空间的任一指定位置,其手臂及底座至少应具有三个自由度。手腕部分自由度,主要是用来调整末端执行器在空间的姿态,或腕部旋转,或腕部抬升。总之,为了使末端执行器即手爪在空间能取得所需要的姿态,在理论上要求手腕部分至少也应具有一个自由度。另外,手爪部分要完成抓取任务也至少需要一个自由度。

一、机构运动简图

机构形式采用现实生活中应用比较普遍的关节式机械臂,结构如图 8.54 所示。图 8.55 所示为关节式机械臂设计草图。机械臂的自由度数如图 8.56 所示。

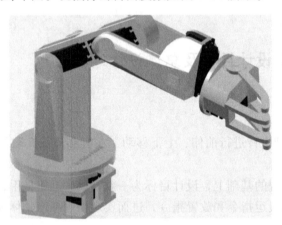

图 8.54 关节式机械臂

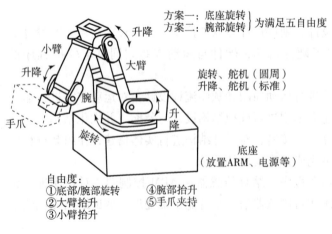

图 8.55 关节式机械臂设计草图

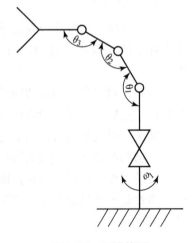

图 8.56 运动简图

二、机械手自动搬运顺序功能图

设计一款自动识别工位,并能实现搬运的机械手。机械手能够自动检测待搬运物体所在工位,并自动启动搬运指令和放置指令,进而实现稳固抓取物体并将物体放置到指定位置的功能。另外,再添加一个停止按钮用以结束程序运行。顺序功能图如图 8.57 所示。

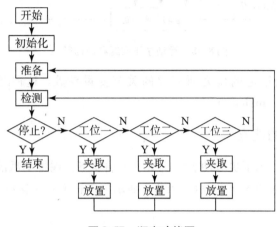

图 8.57 顺序功能图

8.4.3 运动学分析

机械手运动学分析的主要内容是对机械手各关节变量与其末端执行器(即手爪)位姿的关系进行研究。通过建立关节坐标系,由坐标系之间的相互关系推导出末端执行器空间中的位置和姿态。

本机械手的设计采用四参数法(D-H 法),作为建立坐标系以及推导该机械手运动方程的方法。

D-H(Denavit-Hartenberg)参数法,始于 1955 年,是由 Denavit 和 Hartenberg 提出的一种建立相对位姿的矩阵方法。它是表达相对于固定参考系的各个连杆之间的空间几何关系的齐次变换法。两个相邻连杆的空间位置关系采用 4×4 的齐次变换矩阵,进一步推导出"末端执行器坐标系"相对于"基坐标系"的等价齐次坐标变换矩阵,进而建立机械手的运动方程。

位姿方程(机械手的运动学方程),重点是要分析空间关节变量和机械手末端执行器的位置及姿态之间的关系。在这些方程中,两个具有理论及实际价值的机械手运动学的问题如图 8.58 所示。

(1)一个给定的机械手,结构参数及其各个关节变量 $q(t)=(\theta_1,\theta_1,\cdots,\theta_n)T$ 已知,n 是其自由度数,要求算出末端执行器相对于已给固定坐标系的位置及姿态(位姿)。此处,常采用笛卡儿坐标系来表示机械手的总体坐标系。这种问题称为运动学正问题(DKP-Direct Kinematic Programs)。

(2)已知机械手各构件的结构参数及其末端执行器相对于给定坐标系的预设位姿,

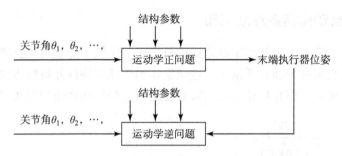

图 8.58 运动学正问题和逆问题

求其末端执行器运动到给定的位姿所需要的关节变量参数。这种问题称为运动学逆问题（IKP – Inverse Kinematic Problems）。

一、连杆坐标系的建立

对于机器人操作臂，为了更方便表示机械手末端姿态，现将手爪部分去除。可以按以下步骤建立连杆坐标系，如图 8.59 所示。表 8.3 所示为连杆 D – H 参数。

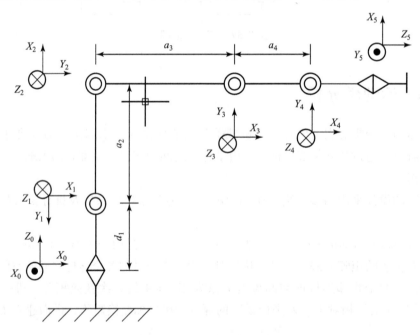

图 8.59 机械手的连杆坐标系

表 8.3　D – H 参数

连杆 i	变量 θ_i	α_i	a_i	d_i	变量范围
1	θ_1	90°	0	d_1	-90° ~ 90°
2	θ_2	0	L_2	0	-90° ~ 90°
3	θ_3	0	L_3	0	-90° ~ 90°
4	θ_4	0	L_4	0	-90° ~ 20°
5	θ_5	-90°	0	0	-90° ~ 90°

连杆与关节的描述如下：θ_i 表示绕 z 轴旋转的角度，d_i 是两条相邻共垂线在 z 轴方向上的距离，a_i 是相邻两关节间共垂线的长度，α_i 表示相邻关节 z 轴间的夹角。θ_i 和 d_i 通常称为机器人的关节变量。

二、运动学正解分析

机械手的正向运动学是根据机械手的各关节变量，求机械手末端操作装置的位姿。根据建立的机械手 D–H 参数坐标系与运动学参数，由坐标变换关系可知连杆的 D–H 坐标变换矩阵。

为了便于运动模型的建立，将关节变量 θ_i 的正弦函数和余弦函数值简化，如式(8.1)，确定连杆坐标系，且得到相应的连杆参数后，可依据式（8.1）完成坐标系 i 和 i_1 之间的变换，用 A_i 表示。

$$A_i = \begin{bmatrix} C_i & -S_i\cos\alpha_i & S_i\sin\alpha_i & a_iC_i \\ S_i & C_i\cos\alpha_i & -C_i\sin\alpha_i & a_iS_i \\ 0 & \sin\alpha_i & \cos\alpha_i & d_i \\ 0 & 0 & 0 & 1 \end{bmatrix} \tag{8.1}$$

式中，$S_i = \sin\theta_i$；$C_i = \cos\theta_i$；$i = 1, 2, 3, 4, 5$。

将表 8.3 中机械手结构参数和关节变量分别代入式（8.1），可得相邻坐标系变换矩阵如下：

$$A_1 = \begin{bmatrix} C_1 & 0 & S_1 & 0 \\ S_1 & 0 & -C_1 & 0 \\ 0 & 1 & 0 & d_1 \\ 0 & 0 & 0 & 1 \end{bmatrix} \tag{8.2}$$

$$A_2 = \begin{bmatrix} C_2 & -S_2 & 0 & a_2C_2 \\ S_2 & C_2 & 0 & a_2S_2 \\ 0 & 0 & 1 & 0 \\ 0 & 0 & 0 & 1 \end{bmatrix} \tag{8.3}$$

$$A_3 = \begin{bmatrix} C_3 & -S_3 & 0 & a_3C_3 \\ S_3 & C_3 & 0 & a_3S_3 \\ 0 & 0 & 1 & 0 \\ 0 & 0 & 0 & 1 \end{bmatrix} \tag{8.4}$$

$$A_4 = \begin{bmatrix} C_4 & -S_4 & 0 & a_4C_4 \\ S_4 & C_4 & 0 & a_4S_4 \\ 0 & 0 & 1 & 0 \\ 0 & 0 & 0 & 1 \end{bmatrix} \tag{8.5}$$

$$A_5 = \begin{bmatrix} C_5 & 0 & -S_5 & 0 \\ S_5 & 0 & C_5 & 0 \\ 0 & -1 & 1 & 0 \\ 0 & 0 & 0 & 1 \end{bmatrix} \tag{8.6}$$

机械手末端坐标系 {4} 相对于基坐标系 {0} 的位姿可以通过以上五个矩阵的顺序连乘得到。机械手末端位置姿态用 T 表示:

$$T = A_1 A_2 A_3 A_4 A_5 = \begin{bmatrix} nx & ox & ax & px \\ ny & oy & ay & py \\ nz & oz & az & pz \\ 0 & 0 & 0 & 1 \end{bmatrix} \quad (8.7)$$

为校核所得 T 的正确性,计算当 $\theta_1 = 0°$,$\theta_2 = 90°$,$\theta_3 = 0°$,$\theta_4 = 0°$,$\theta_5 = 0°$ 时,手臂变换矩阵 T 的值,计算结果为

$$T = \begin{bmatrix} 1 & 0 & 0 & 0 \\ 0 & 1 & 0 & L_3 + L_4 \\ 0 & 0 & 1 & L_2 \\ 0 & 0 & 0 & 1 \end{bmatrix} \quad (8.8)$$

式(8.8)中,旋转矩阵为单位阵,说明机械手末端姿态相对于基础坐标系没有发生变化,矩阵最后一列后三个元素表示机械手末端位置沿 y_0 轴移动了 $L_3 + L_4$ 的距离,沿 z_0 轴移动了 L_2 的距离。与图 8.59 中的连杆坐标系所示的情况相同,从而证明了运动学正解方程的准确性。

三、运动学逆解分析

运动学逆解是在给定已知条件,即能够满足某种工作要求、知道机械手爪的位置以及各杆的结构参数情况下,求解对应的各关节转角(θ_1,θ_2,θ_3,θ_4,θ_5)。要解出各关节变量,首先将已知量和未知量分离,分别置于等式左右两端,然后用未知矩阵的逆变换逐次左乘上述矩阵方程,以便把某个关节变量分离出来,并解出这个关节变量(求解过程略),进而可求得对应的各关节转角(θ_1,θ_2,θ_3,θ_4,θ_5)。

8.4.4 机械手硬件机构搭建

一、机械手底座搭建

(1)首先组装滚动轴承部分,用两个圆环薄板与轴承贴合,再用四个长螺栓将薄板定位,保证轴承部分的连接,如图 8.60 所示。

图 8.60 底座

(2)组装舵机和小圆盘,首先用舵盘和小圆盘连接,再将舵机和舵盘连接,得到图 8.61 所示结构。

(3)将图 8.60 和图 8.61 两部分安装在一起,此时注意安装时要将小圆盘与轴承的内圈紧密贴合,如图 8.62 所示。

图 8.61　舵机和舵盘

图 8.62　安装过程

(4)安装底座,将底座与上部分安装,底座下面用四个铜帽使底座保持稳定,如图 8.63 所示。

图 8.63　底座组装

二、大臂与小臂部分组装

(1)大臂组装:将舵机固定在小圆盘上,舵盘与 U 形架相连,构成一个云台;将两个 U 形架背向安装,组成机械臂的大臂部分,如图 8.64 所示。

图 8.64　云台及大臂的组装

（2）小臂组装：用一个 U 形架、一个 L 支架和一个舵盘组成小臂，将这三者用螺栓连接，得到图 8.65 所示结构。

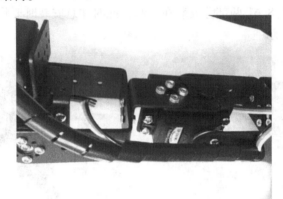

图 8.65　小臂组装

三、手腕的组装

在设计中由于要保证手腕的旋转和摇摆，需要两个自由度，现将两个舵机直接相连，就能实现手腕的旋转和摇摆。为了尽可能地缩短手腕部分的尺寸，将两个舵机叠加放置，保证长度最短，整体的结构也更加稳定，具体组装如图 8.66 所示。

图 8.66　手腕组装

四、手爪部分的组装

根据套件内的零件组装成手爪。该手爪能够夹取各种目标物体，手爪结构如图 8.67 所示。

五、整体的组装

将底座、腰部、大臂、小臂、手腕和手爪按顺序依次组装，用螺栓连接各个部分，得到图 8.68 所示的整体结构。

图 8.67　手爪组装

图 8.68　整体结构

经过多次调试、搬运以后，得出结论：该机械臂结构简单，动作准确，运动流畅平稳，可以作为最终结构。

需要注意的是，在安装机械臂的时候，一定要先把舵机回中，即让舵机处于中位状态。这样，在安装完后，才方便使用。如果舵机没有事先调中，在实际运行时，程序内输入的数值无法让舵机转动到理想的位置，非常麻烦。

六、工位传感器的结构搭建

为了保证工位之间的距离适中，实现传感器无阻碍地进行检测，设计栅栏式的传感器框架。用 Nextmech 套件中的 90°支架、各种连杆、双足脚搭建框架。然后，均匀分配、安装三个近红外传感器。传感器框架如图 8.69 所示。

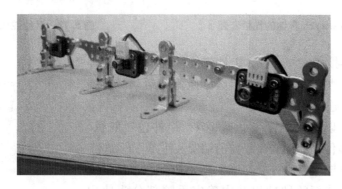

图 8.69　传感器框架

8.4.5　基于 SolidWorks 机械手的虚拟装配

首先，根据 Nextmech 套件中所含相关硬件的结构和尺寸在 SolidWorks 中建立单个零件的三维模型，完成对机械手零件的建模。然后，进行虚拟装配。进入 SolidWorks 装配环境，在装配环境下插入零件，开始虚拟装配，完成机械手的虚拟样机。（关于机械零件三维建模的方法此处略。）

装配过程中，可以设计机械手各部分的结构，观察零件之间的配合关系并且进行干涉检查，有利于对机械手整体结构的可行性进行评估。

（1）底座，是整个机械手的主要支持部分。这里采用固定式，以保证具有足够的刚度和稳定性。底座上装有滚动轴承，用于连接手臂部分与底座部分。这种设计的优点是把上部手臂的重力加在底座上，提高了旋转的稳定性，防止过载。底座要求必须具有足够的刚度和稳定性。所以，在二自由度云台特意添加一块大亚力克板用于稳定，建模如图 8.70 所示。

（2）舵机套装，包括一个舵机和一个输出头

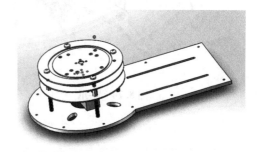

图 8.70　底座图

和电动机支架，用在机械手各个关节处。其中有 Nextmech 套件的舵机套装，如图 8.71 所示；外购的舵机套装，如图 8.72 所示。

图 8.71　Nextmech 套件的舵机套装

图 8.72　其他舵机套装

（3）大臂，连接底座与小臂，组件包括舵机和 U 形架等传动部件，用以驱动机械手小臂以上部分做俯仰运动，如图 8.73 表示未与底座连接的大臂。

（4）小臂，用以连接大臂与手腕部分，组件包括舵机、U 形架、90°支架等传动部件，在小臂前端安装手爪。（图略）

（5）手腕部分与末端执行器相连，主要功能是带动手爪完成所需姿态，在前面的硬件组装中确定手腕部分为使用 Nextmech 套件中的双折弯、电动机支架、输出头和电动机后盖输出头搭建出的结构。（图略）

图 8.73　未连接底座的大臂

（6）末端执行器，是机械手直接进行工作的部分，可以是各种夹持器。本设计为搬运机械手，末端执行器为手爪，如图 8.74 所示。总体装配图，如图 8.75 所示。

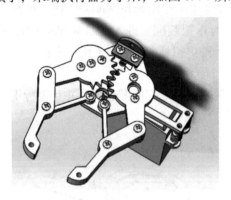
图 8.74　手爪

图 8.75　机械手总体装配模型

8.4.6　机械手运动学仿真

在设计或分析工业机器人系统时，对其进行运动学仿真、分析是很有必要的。通过仿真可以实现工业机器人各关节坐标之间的齐次变换。运动学分析及检查逆问题的求解是否正确，实现末端运动轨迹的实时检测与机器人操作的动态演示功能，不仅能用于机器人的研究与示教，也能在实际工作环境下对工业机器人进行实时检测，具有良好的现实意义。

通过虚拟样机技术对机械手的运动学进行仿真。仿真主要内容有：已知各关节变量求解机械手末端的位姿，即运动学正解仿真；对运动学逆解的公式进行验证与完善。

虚拟样机制作技术 ADAMS（机械系统动力学自动分析的英文缩写）软件，以三维实体建模、动力学模拟仿真和有限元分析为主线，是当前最受欢迎的机械系统动力学仿真分析软件。依靠该软件，能够设计 NXD_ 20 工业机器人的机械系统的运动学模型。若在机器人概念设计阶段就使用 ADAMS 软件进行计算机辅助分析，则可以在建造真实的物理样机前，对工业机器人的各种性能进行测试，缩短了研发周期，降低了产品的开发成本。

一、机械手仿真模型的建立

在 ADAMS 中建立三维模型的方法有多种：直接使用 ADAMS 的实体建模功能；通过 ADAMS/Exchange 从外部直接输入 ADMAS 可读的模型文件；CAD 软件与 AMDAS 模型数据交换接口。

本书的仿真采用 UG 8.0 软件建立机械手的三维模型并装配。可以将该装配体导入 ADAMS 中，在 ADAMS 中创建约束和驱动进行仿真，如图 8.76 所示。可以把 UG 8.0 整个装配体模型导出为 Parasolid 格式的文件，然后导入 ADAMS 中。但是，这样会导致在 ADAMS 中出现很多小零件，包括螺栓、螺母、螺柱等。对于如此众多的零件，需要在 ADAMS 中逐个建立约束，才可能进行仿真。这将使仿真过程变得十分烦琐而令人厌倦。机械手需要的构件数目并不多，组成各构件的零件并未发生相对运动，可以在 UG 8.0 中把它们处理成为一个整体，再导入 ADAMS 中，这将大大简化在 ADAMS 中创建约束的操作。为简化设计，做了以下的运动自由度的忽略：

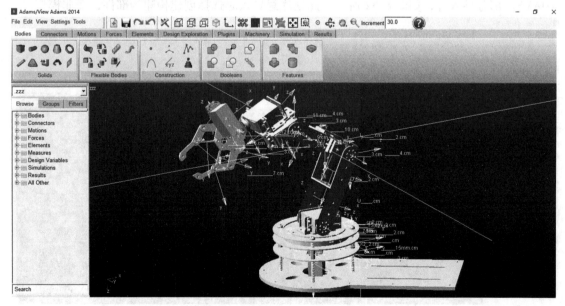

图 8.76　整体导入 ADAMS 模型图

（1）将手爪处的自由度忽略，将机械手分解成五个发生相对运动的构件，如图 8.77～图 8.81 所示。将这五个构件分别存成 Parasolid 格式的文件，再依次导入 ADAMS 中施加约束，最后做仿真。

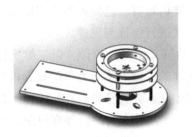  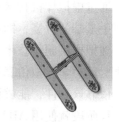

图 8.77　构件 1　　　　　　图 8.78　构件 2　　　　　　图 8.79　构件 3

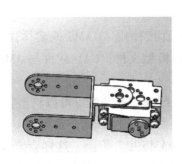 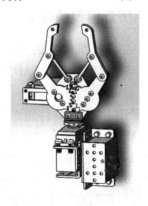

图 8.80　构件 4　　　　　　　　图 8.81　构件 5

（2）分别导出 Parasolid 文件。注意：导出的文件尽量选择低版本，然后分别导入 ADAMS。部分导入件，如图 8.82 所示。此处注意导入时选择创建构建为部件，而非模型。

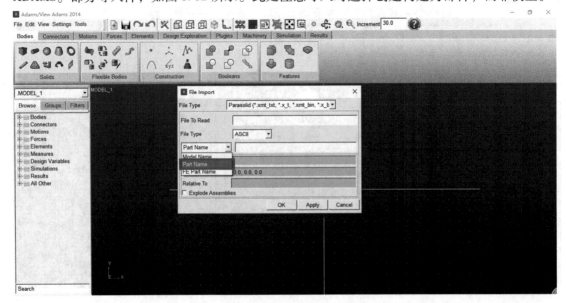

图 8.82　部分导入件

(3) 添加约束，将构件 1 与大地添加固定副，如图 8.83 所示。

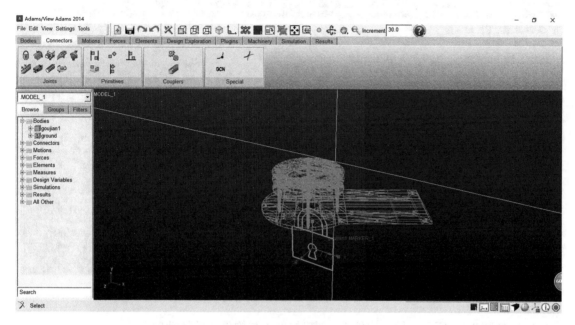

图 8.83　添加固定副

(4) 导入构件 2，添加构件 1 与构件 2 的转动副，如图 8.84 所示。

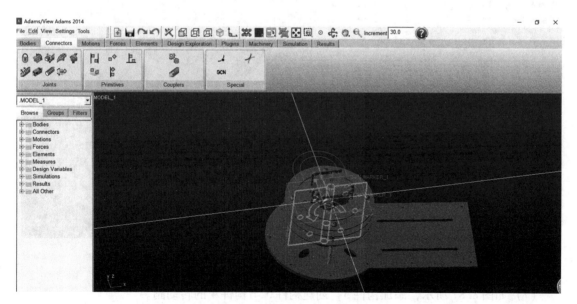

图 8.84　添加第一个转动副

(5) 如图 8.85 所示，导入构件 3，创建构件 3 与构件 2 的转动副。注意构件 3 与构件 2 以及接下来的构件 4 与构件 3 设置转动副时，要取消勾选默认的垂直栅格，应选择按几何特征，否则旋转平面将会错误。

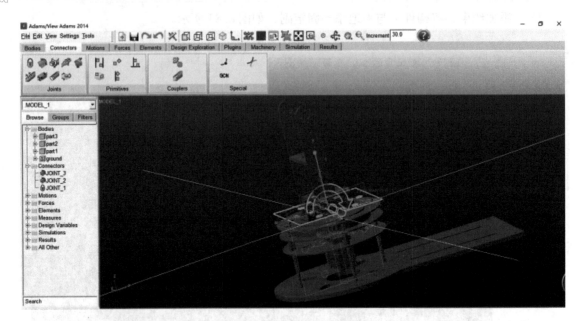

图 8.85　添加第二个转动副

(6) 如图 8.86 所示，导入构件 4，创建构件 4 与构件 3 的转动副。

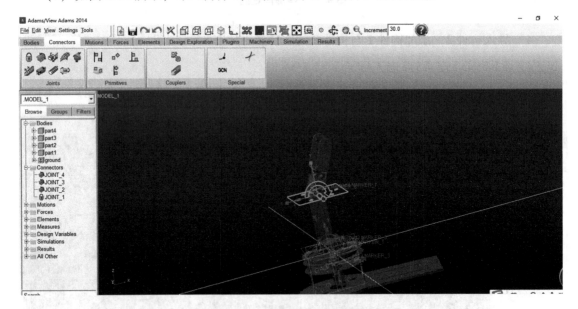

图 8.86　添加第三个转动副

(7) 如图 8.87 所示，添加构件 5，创建构件 5 与构件 4 的转动副。

(8) 约束添加完成后将模型导出为 cmd 文件。注意：保存路径必须全英文或数字，不能包含任何中文字符。

(9) 重新打开 ADAMS/View，输入 cmd 文件，在 ADAMS 中设置重力加速度，重新定义材料属性，在 ADAMS/VIEW 中机械手的虚拟样机建立完成。

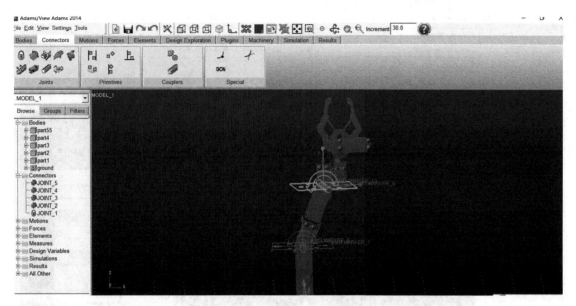

图 8.87　添加第四个转动副

二、基于 ADAMS 的运动学正解仿真

1. 驱动函数

为了能真实地仿真机械手在实际运动过程中的轨迹,假设机械手几个连续动作:初始化、检测、停止和抓取过程。对该过程进行仿真,利用函数设置各个关节的位移驱动,各位移驱动函数如下:

(1) Motion1 (角位移):STEP (time, 0, 0d, 1, 90d) + STEP (time, 2, 0, 4, -60d)。意义:0~1 s,从 0 递增至 90;1~2 s,保持电动机输出数值为 90 不变;2~4 s, 由 90 递减 60,结果为 30。

(2) Motion2 (角位移):STEP (time, 0, 0d, 1, 20d) + STEP (time, 4, 0d, 6, -60d)。意义:0~1 s,从 0 递增至 20;1~4 s,保持电动机输出数值为 20 不变;4~6 s, 由 20 递减 60,结果为 -40。

(3) Motion3 (角位移):STEP (time, 0, 0d, 1, -40d) + STEP (time, 4, 0d, 6, -45d)。意义:0~1 s,从 0 递减至 -40;1~4 s,保持电动机输出数值为 -40 不变;4~6 s,由 40 递减 45,结果为 -85。

(4) Motion4 (角位移):STEP (time, 0, 0d, 1, 20d) + STEP (time, 4, 0d, 6, 20d)。意义:0~1 s,从 0 递增至 20;1~4 s,保持电动机输出数值为 20 不变;4~6 s,从 20 递减 20,结果为 0。

2. 具体操作步骤

(1) 鼠标右键单击"运动副",单击"modify"命令,再选择驱动方式(位移或速度),最后输入 STEP 函数作为驱动函数,如图 8.88 所示。

(2) 模型在施加完驱动函数后,选取 kinematics 进行正运动学的仿真,仿其时间设为 6 s, step 设为 800。观察机械手的运动,检查各关节并未发生干涉说明结构合理,各关节运

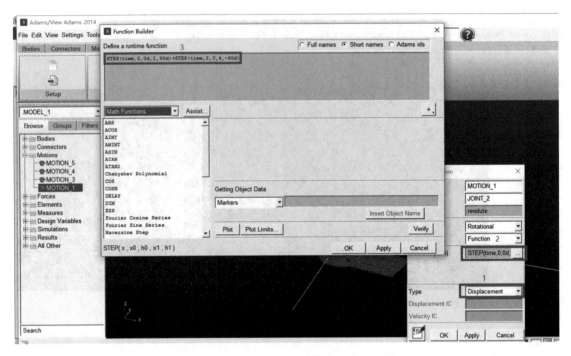

图 8.88　设置驱动函数

动不发生干涉，仿真结果如图 8.89 所示。

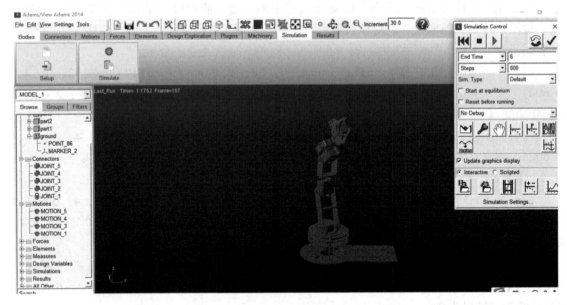

图 8.89　仿真截图 1

（3）仿真完成后，进入 ADMAS/Processor 界面，输出机器人末端手爪中心的 X、Y、Z 方向上的位移以及总位移的变化，手爪的末端位移、速度、加速度曲线分别为图 8.90 ~ 图 8.92。

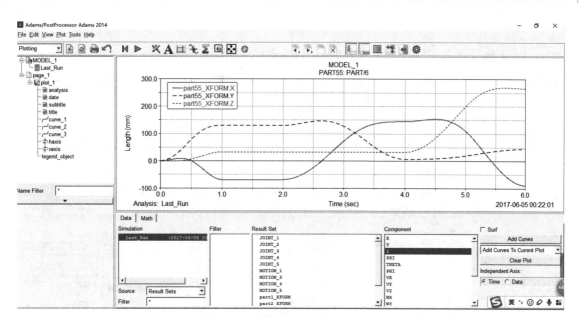

图 8.90　总位移

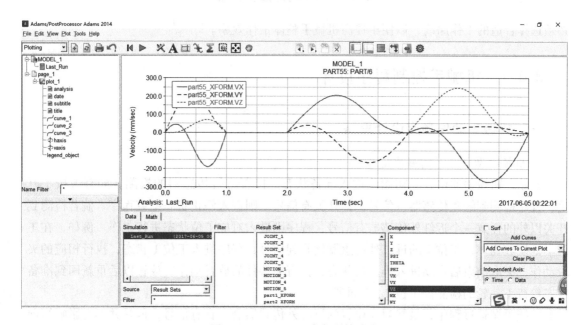

图 8.91　X、Y、Z 方向上的速度

图 8.91 中，三条曲线分别代表 X、Y、Z 方向上的速度。图 8.92 中，三条曲线分别代表 X、Y、Z 方向上的加速度。

从仿真结果中可以看出，仿真结果与预定结果相似；通过位移曲线看出，机械手在其操作空间内完成了预定运动，且在运动过程中可以控制机械手回到初始位置，运动具有可重复性。速度曲线变化平滑，没有发生突变，结果的位置与预定的设置高度匹配，在允许的范围内，加速度存在突变。

仿真结果表明，用该机械手进行搬运操作可行性较高。同时，为了寻找最优工作路径还

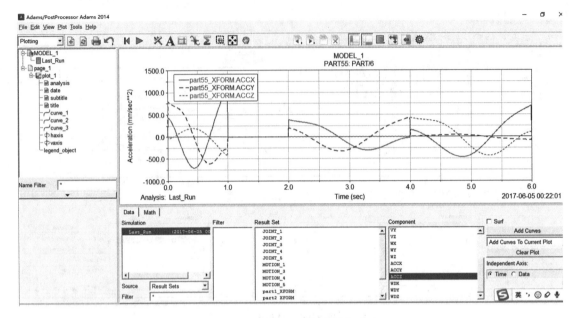

图 8.92　X、Y、Z 方向上的加速度

必须选择合适的工作路线，以便于提高机械手整体工作效率。

8.4.7　机械手控制程序设计

一、机械手动作顺序设计思路

1. 机械手动作设计的基本思路

开始，机械手通电，经初始化进入准备状态，接着进行传感器的检测。如有人按了开关，程序检测到触碰传感器有信号，即开关有信号，则进入停止状态结束程序。倘若检测到开关以外的任意一个近红外传感器有信号，程序则进入对应工位状态进行工作。例如，在工位 1 处摆放物体，工位 1 的近红外传感器接收到信号，程序进入工位 1 状态，执行相应的夹取动作，夹取结束后自动进入堆放位状态，执行夹持件的放置动作，放置以后重新回到准备状态等待下一轮的检测。工位 2、3 同理。

机械手搬运过程中，虽然对应位置的近红外传感器会一直有信号，但是并不会影响当前的搬运工作，机械手依然会按照状态机的流程自动进行工作。直到检测状态开始时，机械手才会根据传感器信号自动选择工位夹取新放置的物件。这个程序在一定程度上与 LabVIEW 状态机的生产者与消费者模式很接近。

2. 软硬件搭配

上述过程的实现需要硬件与软件的合理搭配。实现人按下按钮时，机器手停止运行，需采用触碰传感器。触碰传感器直接连接在外置的 Nextcore（ARM7）上，保证操作方便，且不影响机器手的其他运动。为了在一定距离内检测到物体位置，将近红外传感器安装在三个工位后方，没有硬件遮挡，且调整高度适中，方便检测。为了让程序的状态变化更加直观，在程序中添加了各个状态对应的状态灯。上位机可以直接观察传感器的信号采集,以及程序的状态变化,以便及时把握状况。硬件的位置安排如图 8.93 所示。

图 8.93 机械手及传感器整体安装位置

3. 程序流程图

具体的程序顺序流程,如图 8.94 所示。

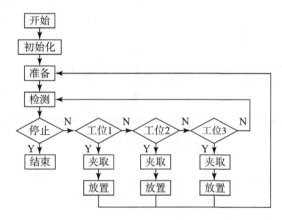

图 8.94 控制程序的顺序流程

二、实时控制程序

1. 人机交互界面设计

机械手实时控制程序,其实际效果类似一个远程遥控。在电脑直接拖动代表各个舵机的滑条或输入数值,就能实现对机械手的控制,并能准确获得机械手所处位置,以及各个舵机运动子程序的具体数值。如图 8.95 所示,可以在程序中按"停止"按钮结束程序,也可以通过滑动滑条或旋转转盘对机械手的手臂、手腕、手爪及底盘等各部位进行遥控。其中数值 7.5 为各个舵机的中位,0 和 15 分别是相对的极限运动角度。

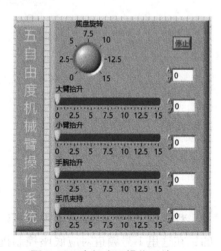

图 8.95 人机交互操作系统

2. 实时操作的程序设计

采用平铺式的顺序结构如图 8.96 所示,第一帧编写舵机运行初始化的子程序;后面三帧分别编写让底座、大臂、小臂、手腕、手爪处于一个适中位置待命的程序；最后一帧编写用一个循环结构不断刷新数据的程序，方便读取新输入的数值，即实际控制机械手的程序。先在前面板加入水平指针滑动杆和转盘，打开"属性"对话框把数据类型修改成 DBL 双精度表示法，再与舵机运动的子程序连线。需要注意的是，为了滑动滑条或转动转盘的时候让舵机每一次运动角度适中，在属性的数据输入界面取消"使用默认界限"，并把增量改为"0.2500"，如图 8.97 所示。

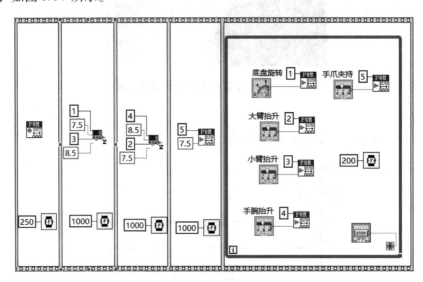

图 8.96　实时操作程序

图 8.97　转盘属性设置

程序中 PWM_ Out 子程序的第一个数值，即 Channel（频道）是对应各个舵机的编号的，在这里 1 号频道对应底座控制机械手整体旋转的舵机；2 号对应机械手大臂；3 号对应控制机械手小臂的舵机；4 号对应控制机械手手腕的舵机；5 号则是控制手爪开合的舵机。编号会在后面的自动程序沿用，频道从 1 至 5 正好对应自下而上的 5 个舵机，直观方便，在后续编程中也比较容易辨识。

三、自动搬运程序

应用 LabVIEW 的状态机及基本结构框架进行编程，将机械手分为八个状态：初始化，准备位置，检测，工位 1，工位 2，工位 3，堆放位，停止。

引用标准状态机，可以使程序在这八个状态下自由转换，从而实现要完成的功能。

为了便于观察各状态的进程，特意为每个状态添加状态指示灯。只有在特定状态下，对应的指示灯才亮；有一个灯亮时，其他灯均不工作。同时，在前面板把所有状态及传感器的数值显示出来，如图 8.98 所示。

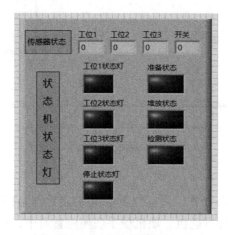

图 8.98 状态机前面板

如图 8.99 所示，停止程序中的停止状态指示灯，只有在停止状态时，停止指示灯才为"True"进行工作。此时，表示其他状态的指示灯为"False"熄灭。其他的状态均有类似程序和程序控制的相应指示灯。

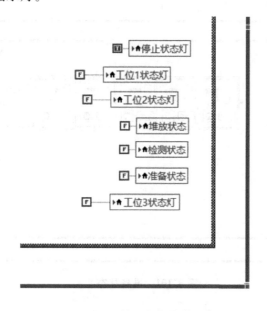

图 8.99 停止状态的指示灯

状态一：初始化。

采用顺序结构，先利用舵机初始化子程序对舵机初始化，此处延时 200 ms，等待初始化结束进入准备位置。因为初始化只经过一次，并没有必要添加状态灯，如图 8.100 所示。

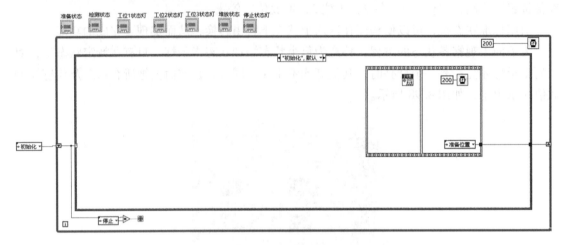

图 8.100　初始化

状态二：准备位置。

准备位置是一个基本核心动作，搬运之前和放置之后都会回到准备位置进行待机。首先，用顺序结构先调整各个标准舵机，使机械手底座位置对中，让机械手的大臂、小臂、手腕和手爪都处于一个合适的位置。既可以快速进行之后的夹取动作，又不影响接下来近红外传感器的检测。舵机输入的具体数值是在之前实时控制程序得出的，在这里可以直接应用。给每个动作添加延时，让机械手动作不至于太大，然后进入检测状态，如图 8.101 所示。

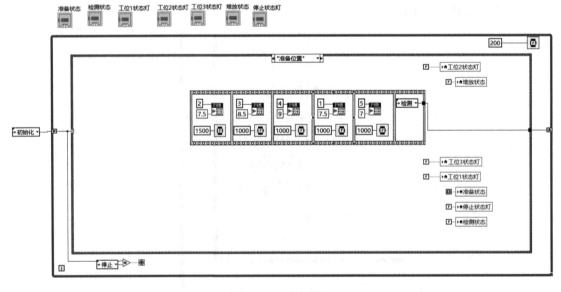

图 8.101　准备状态

状态三：检测。

检测状态是整个程序状态转换的核心部分，这里采用几个判断结构进行编程。最开始的判断触碰传感器（程序中的 AI6），即开关有无信号，一般传感器的输出为 0~1 023 之间的数值，具体数值不同种类的传感器有一定区别。当传感器有信号时，它的输出值接近于 0，没有信号时传感器的输出值接近于 1 023。

触碰传感器在彻底放开和按住时输出只有 1 023 和 0 两种状态，按住就是 0，没碰就是 1 023，按动过程中间会有一定变化。所以程序中只需要把输出和常数 1 023 进行对比，假如不等于 1 023，就是按了开关（输出为 0），判断为真，程序进入停止状态，如图 8.102 所示；假如等于 1 023，就是没有按开关，判断为假，进行之后工位 1 的传感器输出判断。检测状态如图 8.103 所示。

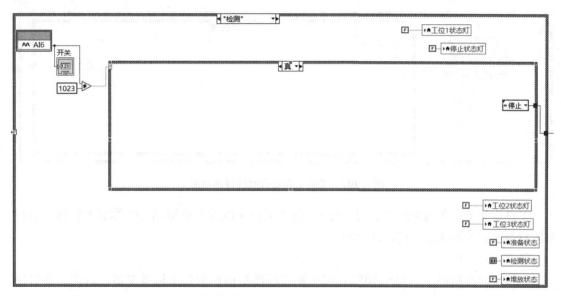

图 8.102　开关触动时的程序判断

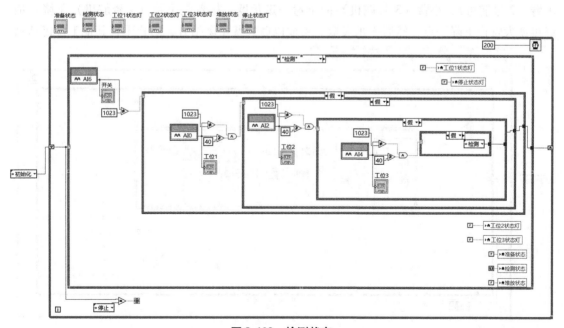

图 8.103　检测状态

注：在工位判断步骤，近红外传感器的输出数值不稳定，存在一定的数值漂移，且不规律。因此，单纯与 1 023 进行比较得出的结论不准确。多次实验得出：如果在适中的距离检测到有物体，数值大致稳定在 40 左右，越靠近传感器数值会越大，但总体变化幅度不大，于是决定在程序中加一个与事件，在判断是否等于 1 023 的同时与 40 进行比较，判断是否大于等于 40。因此，假如一号近红外传感器（AI0）没有检测到物体，传感器输出为 1 023 且大于 40，判断为假，进入下一个工位的检测；假如有物体放置在近红外传感器前，传感器输出一个大于或等于 40 且不等于 1 023 的数值，程序判断为真，就进入工位 1 的状态进行下一步动作，如图 8.104 所示。

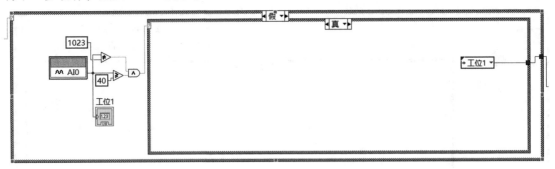

图 8.104　工位 1 有信号时的程序判断

工位 2 和工位 3 的判断方法同工位 1。假如工位 3 也没有检测到有物体需要搬运，就在最后重新回到检测状态进行循环检测。

状态四：工位 1。

工位 1 的控制程序（图 8.105）：用平铺式顺序结构控制各个标准舵机。首先，使机械手底座（1 号舵机）旋转到 1 号工位方向，同时张开手爪（5 号舵机）。然后，让机械手的大臂（2 号舵机）、小臂（3 号舵机）向下弯一定角度，接着是手腕（4 号舵机）下降，最终再使大臂往下降一点，然后手爪夹取。夹取以后大臂略微抬升，防止干扰其他工位传感器

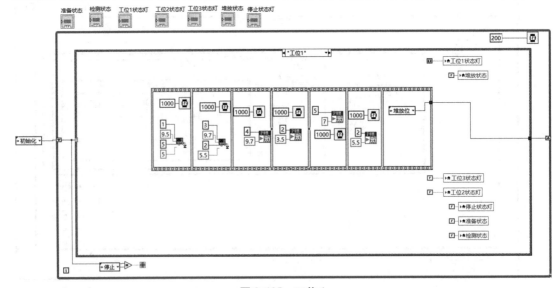

图 8.105　工位 1

的检测，同时避免后续搬运过程碰撞其他物体。然后，程序自动进入堆放位状态。在程序中，每步动作设置一定的延时，且把动作进行多次拆分，目的是防止机械手在短时间内动作太大，以致产生过大的惯性，影响后续动作或者降低动作精度。

状态五：工位 2。

工位 2 的控制程序基本与工位 1 类似，如图 8.106 所示。同样是用平铺式顺序结构控制各个标准舵机。工位 2 在机械手准备位置的正前方，所以不用调整机械手底座（1 号舵机）的位置，直接张开手爪（5 号舵机）开始夹取工作。同样，在动作完成后抬升大臂（2 号舵机），然后进入堆放位状态。

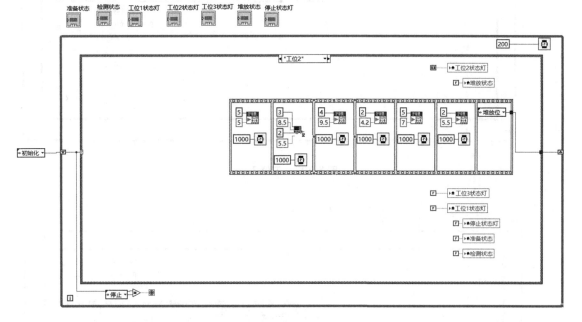

图 8.106　工位 2

状态六：工位 3。

工位 3 的控制程序（图 8.107）也与工位 1 类似，但是工位 3 需要调整底座。首先，让机械手底座（1 号舵机）旋转到工位 3 的位置，同时打开手爪（5 号舵机），直接开始夹取工作，在动作完成后同样需要抬升大臂（2 号舵机），然后进入堆放位状态。

状态七：堆放位。

堆放位（图 8.108）在机械手右侧 90°的位置，工位 1 和工位 2 底座需要大幅度旋转到堆放位。为了让机械手动作流畅连贯一点，用顺序结构让机械手底座舵机（1 号舵机）分步旋转三次再到达准确位置，然后降低大臂（2 号舵机），松开手爪（5 号舵机），结束整套动作以后自动回到准备位置。

状态八：停止。

为了程序顺利停止，添加这一状态保证状态机能够正常运行，如图 8.109 所示。

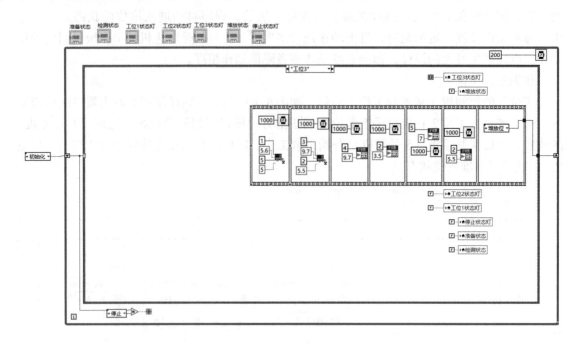

图 8.107 工位 3

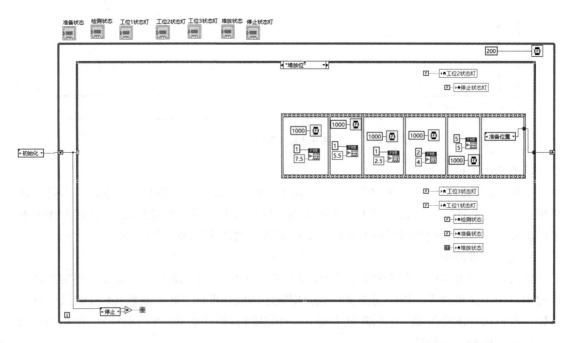

图 8.108 堆放位状态

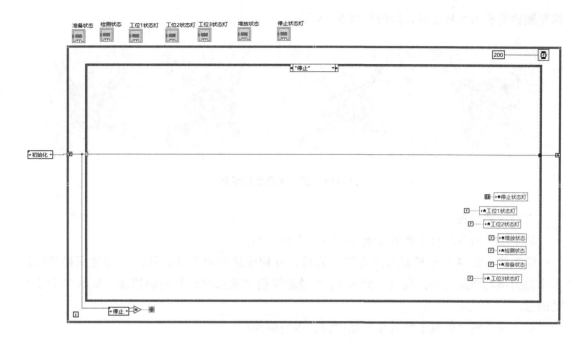

图 8.109 停止状态

8.5 典型案例设计——四足机器人设计

8.5.1 四足机器人设计目标及总体设计

一、四足机器人的设计目标

四足机器人的设计主要是搭建合适的机械结构，模仿乌龟的八字步运动规律，完成前进、后退、左转和右转的基本功能。

在完成基本功能的基础上，设计一个能无线控制四足机器人的控制程序，控制四足机器人实现不同的功能。在手动控制下，四足机器人能完成前进、后退、左转和右转的基本功能；在自动控制条件下，四足机器人能根据选择实现搜寻探测和避障运输功能。其动作的实现是通过上位机的控制面板来选择的。与此同时，也能实现手动控制和自动控制的切换。

二、四足机器人的步态设计

在机械结构设计时，经查阅大量资料、ADAMS 仿真与实际搭建，设计了适合四足机器人运动的"八"字步态。如图 8.110 所示，斜对角的两条腿同时转动或同时支撑，运动时呈现出"八"字状态，在两侧看起来内八和外八交替进行。注意：运动时不能忽视与地面接触部分的机构及运动状态。以头部左侧髋关节为 1 号舵机，顺时针排 1~4 号，同理以头部左侧膝关节为 5 号舵机，顺时针排 5～8 号。

图 8.110　直行步态结构设计

直行运动步态：

第 1 步：所有舵机全都处于起始部位，等待运动。

第 2 步：2、4 号舵机斜对角支撑腿着地，并相应地向后滑动，从而在和地面接触时依靠摩擦力推动四足机器人前进。同时 1、3 号舵机摆动腿抬起，并向前摆动。完成半个步态的前进。

第 3 步：所有舵机全都处于起始部位，等待运动。

第 4 步：1、3 号舵机斜对角支撑腿着地，并相应地向后滑动，从而在和地面接触时依靠摩擦力推动四足机器人前进。同时 2、4 号舵机摆动腿抬起，并向前摆动。完成整个步态的前进。

三、四足机器人的控制方案

设计一款无线控制的多功能仿生四足乌龟式机器人，能手动和自动自如切换。无线控制与数据传输功能主要以 LabVIEW 中的网络流来实现，通过网络流实现上位机和下位机的数据交互，实现上位机无线控制下位机的功能。

在四足机器人的控制中，前进、后退、左转与右转是四足机器人的基本运动。同时，也是最重要的一个控制程序。作为上位机的手动控制面板，前进、后退、左转与右转功能是必不可少的。在上位机选择每个功能按钮，按下时将会触发一个事件的程序，每个事件结构下将会有一个不同的值。事件结构触发后，将会通过网络流将上位机的数传送到下位机。下位机在接收到不同的值时，依次进行判断并找到与传输值相对应的子程序，并执行。自动控制时，数据传输的过程与手动过程基本一致。将手动控制与自动控制放在同一程序中，实现手动与自动功能的切换，是控制方案的一个重点部分。

自动控制模式下，四足机器人实现两种功能：搜寻探测与避障运输功能。

在实现搜寻探测功能时，主要目标是：将四足机器人放到一个复杂的环境，利用传感器检测周围的数据，使四足机器人在运行过程中不会碰到障碍，且总是向一个开阔的地形走去。当地形十分复杂时，可以利用四足机器人上的摄像头传输画面，在上位机的控制面板中控制前进、后退、左转和右转。

在实现避障运输功能时，设计目标是：四足机器人在识别到前方有障碍时，将会依靠传感器判断障碍的大小，并选择路线避过去。四足机器人一直在前进，前方的传感器一直在检测前方是否有障碍，当有障碍时右转，然后继续前进。当左侧无障碍时，左转，然后继续前进。当左侧无障碍时,再次左转,然后直行。当给定信号时,右转回到原来的轨道,如此一个过程完成避障的功能,流程图如图 8.111 所示。

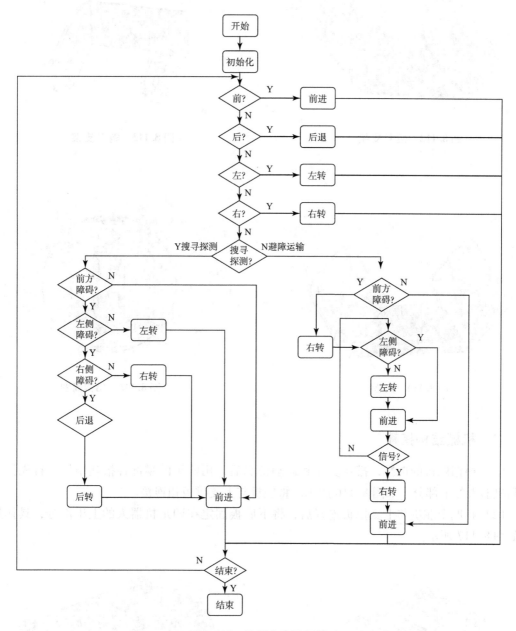

图 8.111 控制方案流程图

8.5.2 机械机构搭建

一、结构介绍

选择乐幻索尔公司的 180°机器人 DIY LDX – 218 舵机,同时选择与舵机相配合的结构,如图 8.112 ~ 图 8.115 所示为部分结构的仿真模型。

图 8.112　短 U 支架

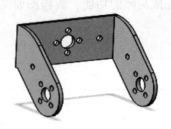

图 8.113　斜 U 支架

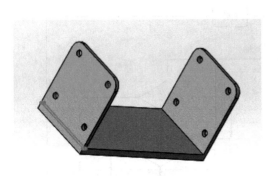

图 8.114　脚板

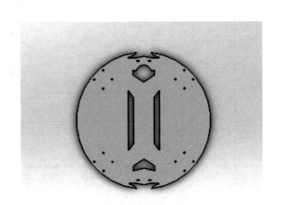

图 8.115　结构简图

二、机械结构搭建

（1）根据舵机的选择，搭建实体和运动仿真后，用购买的零部件搭建结构。首先搭建四足机器人的上部分，如图 8.116 所示。将舵机与上支撑板相连接。

（2）在四个舵机与上支撑板连好后，将下底板固定在四足机器人的上半部分，具体操作如图 8.117 所示。

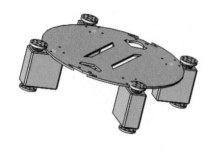

图 8.116　舵机与上支撑板连接

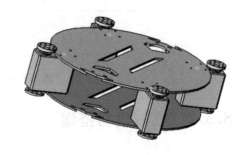

图 8.117　固定下底板

（3）在四足机器人的上半部分搭建好之后，开始搭建四足机器人的四足。首先，搭建四个舵机与脚板相连接的结构，保证在运动过程中舵机不会被地面磨损，具体如图 8.118 所示。

（4）地面结构搭建好之后，搭建连接每个腿的两舵机结构，具体搭建方法如图 8.119 所示。

图 8.118　舵机与脚板连接

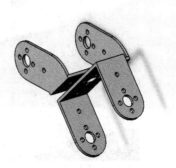

图 8.119　舵机连接架

（5）在舵机连接架搭好后，将舵机连接件与和地面相接触的那部分结构搭建好，组成四足机器人的一条腿，如图 8.120 所示。

（6）最后，将搭建好的四条腿和已经完成的上半部分相连接，得到四足机器人的完整结构，如图 8.121 所示。

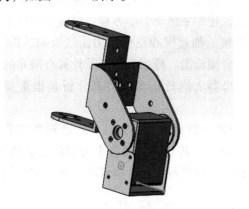

图 8.120　四足机器人的腿

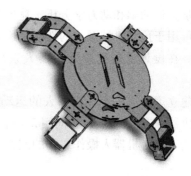

图 8.121　搭建好的四足机器人

8.5.3　机械结构的运动学分析

一、机械结构的建模与虚拟装配

在正式结构确立之前，通过实体结构搭建与建立运动学仿真后，建立初步结构，如图 8.122 所示。结合仿真结果，分析、改进结构的缺陷，并确立相应设计方案。

本次建模应用的是三维建模软件 SolidWorks 2015，总体装配图如图 8.122 所示。

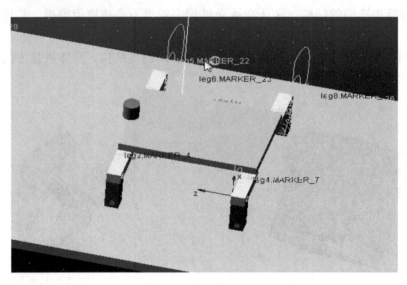

图 8.122 运动学仿真

二、运动学仿真与分析

ADAMS，机械系统动力学自动分析（Automatic Dynamic Analysis of Mechanical Systems），该软件是美国机械动力公司（Mechanical Dynamics Inc.）开发的虚拟样机分析软件。ADAMS 软件使用交互式图形环境和零件库、约束库、力库，创建完全参数化的几何模型，其求解器采用多刚体系统动力学理论中的拉格朗日方程方法，建立系统动力学方程，对虚拟机械系统进行静力学、运动学和动力学分析。输出位移、速度、加速度和反作用力曲线。ADAMS 软件的仿真可用于预测机械系统的性能、运动范围、碰撞检测、峰值载荷以及计算有限元的输入载荷等。在设计或研究步行机器人系统时，对机器人进行运动学仿真分析是很重要的环节。

通过建立虚拟样机实现机器人的运动学进行仿真。仿真的主要内容有：已知各关节变量，求解机器人在 X、Y、Z 方向用 2 s 行走一步的位移、转动速度及各个关节的运动曲线。使用该方法可以对机器人操作空间的问题进行分析，检验机器人是否能够满足在一定空间内进行工作。

1. 四足行走机器人仿真模型的建立

在 ADAMS 中建立仿真模型过程如下：

（1）在机器人的运动仿真中，首先要确定基础运动面。因此，构建一块平板模拟地面，并在平板与大地之间添加固定副。

（2）将 SolidWorks 中的模型导入 ADAMS 中。首先，将 SolidWorks 的文件另存为 Parasolid 格式；然后，将其导入 ADAMS。虽然，SolidWorks 与 ADAMS 之间存在接口，但上述方法能减少出错概率。

（3）添加约束及运动副，给八个舵机的舵盘上都添加上转动副。为使四足机器人在运动时不出现飞走的情况，应添加重力并进行与地面的约束。添加约束时，应尽量减少构件的数量，去除一些细小、不影响结构的零部件，具体如图 8.123 所示。

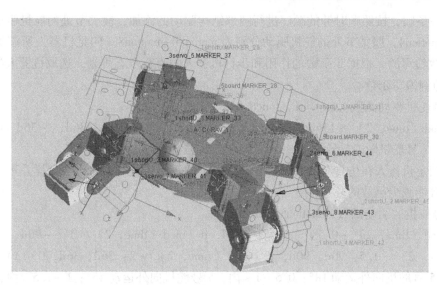

图 8.123 整体导入 ADAMS 模型

(4) 添加转动运动,机器人模型一共有 8 个自由度,每个自由度均为转动副,因此,需添加 8 个转动。它们分别位于舵机舵盘的中间。这些转动副可以实现机器人腿部的抬起、左右摆动、放下等动作,具体如图 8.124 所示。

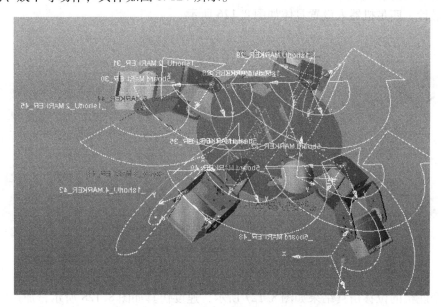

图 8.124 转动副

(5) 直行步态规划。第一步,所有舵机全都处于预先设置的起始部位,等待运动;第二步,2、3 号舵机斜对角支撑腿着地,并向后滑动,从而在和地面接触时依靠摩擦力推动四足机器人前进;同时,1、4 号舵机摆动腿抬起,并向前摆动,完成半个步态的前进。第三步,所有舵机全都处于起始部位,等待运动。第四步,1、4 号舵机斜对角支撑腿着地,并向后滑动,从而在和地面接触时依靠摩擦力推动四足机器人前进。

(6) 按照前文中的直行步态进行仿真分析,在平面内东西方位放置机器人,以头部右面腿为第一条腿，按照顺时针的顺序进行腿部结构驱动的添加，髋关节处的舵机驱动分别为 motion1～motion4，膝关节处的舵机驱动分别为 motion5～motion8。四足机器人所添加的运动是用 if 函数编写的，根据 if 函数的作用和步行机器人的直行步态规划，选取机器人的 1 号和 5 号舵机为例编写函数。

①1 号舵机驱动函数（motion1，function）。

if（mod（time，2）-136d，36d，if（mod（time，2）-2：-36d，-36d，0））。在 0～1 s 内，1 号舵机顺时针转动 36°；1～2 s 内，1 号舵机逆时针旋转 36°。

注：四足机器人在仿真时的初始位置并非正常的等待位置时的状态，这样并不影响仿真结果，并且能减少函数的复杂性。

②5 号舵机的驱动函数（motion5，function）。

if（mod（time，2）-0.5：-36d，-36d，if（mod（time，2）-1：-90d，-90d，if（mod（time，2）-1.5：90d，90d，if（mod（time，2）-2：36d，36d，0））））。在 0～0.5 s 内，5 号舵机向外运动 18°；0.5～1 s 内，5 号舵机向外运动 45°；1～1.5 s 内，向内运动 45°；1.5～2 s 内，向内运动 18°。

（7）在做好上述的工作后就可以进行仿真，图 8.125 所示为运动中的仿真结构。

2. 进行仿真与分析

在搭建好结构与设置好约束和运动之后，进行仿真分析。仿真过程中，要做好运动时间与步数的设计，四足机器人设置具体如图 8.126 所示。

图 8.125　运动中的四足机器人

图 8.126　仿真参数设定

对单个舵机的位移仿真结果如图 8.127 所示，速度仿真如图 8.128 所示，加速度仿真如图 8.129 所示。

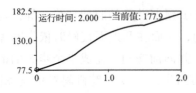

图 8.127　位移测量

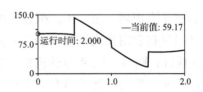

图 8.128　速度测量

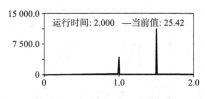

图 8.129　加速度测量

对整体运动仿真结果,如图 8.130 和图 8.131 所示。

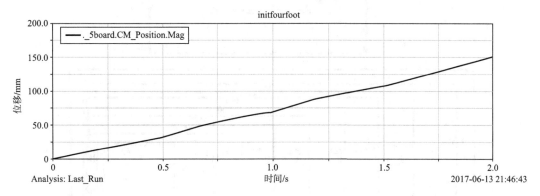

图 8.130　位移曲线

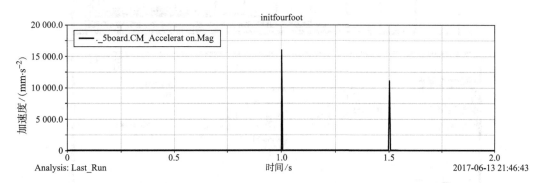

图 8.131　加速度曲线

通过机器人的仿真可以看出,在一部分仿真中,比如驱动仿真,机器人能完成预定的运动,且能够周期性变化。但是仿真过程中也存在一定的问题,如机器人在某一时刻的加速度突变较大,这说明还需要进一步完善驱动函数设置。

8.5.4　四足机器人控制程序编制

一、总体控制程序

如 8.5.1 节所述,控制程序主要完成无线控制实时多功能仿生四足乌龟式机器人,且要求能自如切换手动和自动功能。在自动控制模式下,四足机器人有以下两种功能:搜寻探测复杂环境和避障运输功能。图 8.132 所示为总体程序。

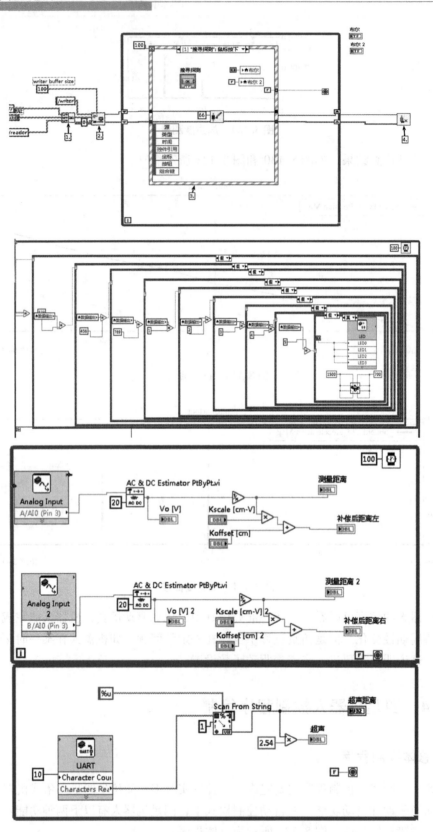

图 8.132 总体程序

二、网络流与实现无线控制

四足机器人的设计目标之一,就是实现上位机对实时系统的实时操作与控制。为此,在设计程序时,应把实时控制作为设计的重点。ARM 开发板自带热点发射功能,可以连接热点的上位机,使上位机与控制器在同一局域网内,以便实现数据的交互与传输。实现上位机的无线控制时,应用 NI MAX 对开发板进行硬件设置。具体设置方法参见使用说明,此处不再赘述。

网络流作为 LabVIEW 中数据无线传输的一个重要函数,是通过无线传输协议,将上位机的数据传输到控制器 ARM 中,以实现上位机与下位机的通信,进而完成对下位机的控制,使其完成不同的功能。

在控制四足机器人时,控制面板的按键按下之后,将通过网络流传输到 ARM 的控制器上,以实现不同的功能,如前进、后退、左转、右转、搜寻探测、避障运输、暂停和退出的功能。上位机的控制面板如图 8.133 所示,网络流的驱动程序如图 8.134 所示,图 8.135 所示为对网络流数据判断选择结构。

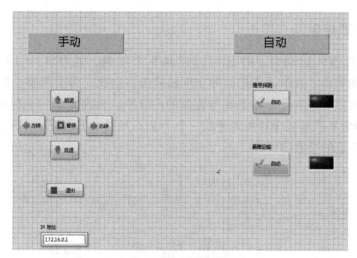

图 8.133 控制面板

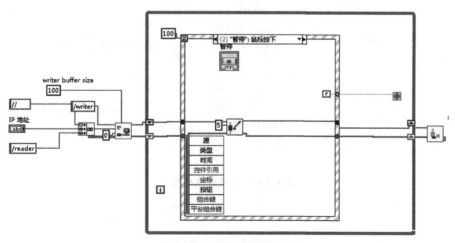

图 8.134 网络流驱动程序

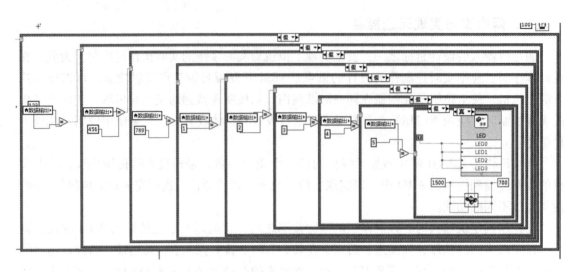

图 8.135　对网络流数据判断选择结构

三、舵机并联控制

在控制四足机器人运动时，并行同时控制 8 个舵机，需要 8 个 PWM 输出口，如图 8.136 所示。如果再经数学运算把脉冲宽度转换为占空比，将会使整个程序变得极为庞大，占用极多的内存，影响程序的美观与资源的占有率。为改变这一不利局面，编写程序时，应当将 8 个 PWM 及其数学转换式转成一个子 VI，如图 8.137 所示。在以后调用时，仅仅输入几个控制角度的参数即可。

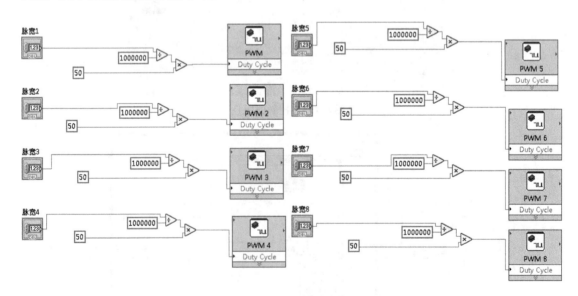

图 8.136　舵机并联控制

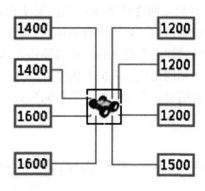

图 8.137 舵机控制子 VI

四、前进、后退、左转与右转的程序

在四足机器人的控制中，前进、后退、左转与右转是最基本的控制程序。因此，要协同控制 8 个舵机，实现基本运动。

在四足机器人前进过程中，主要是控制运动时的"八"字步态：斜对角的两条腿同时转动或同时支撑；运动时，支撑腿着地时，要控制舵机角度使其摆动腿悬在空中；摆动腿在下降时，原支撑腿准备抬起，从而在和地面接触时依靠摩擦力推动四足机器人前进。现以左转运动作为范例，介绍基本运动的控制程序，如图 8.138 左转控制程序所示。

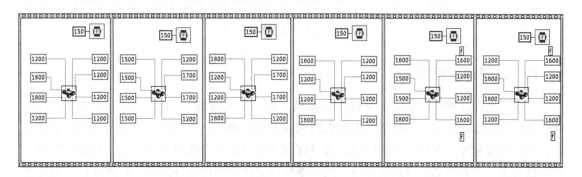

图 8.138 左转控制程序

五、搜寻探测程序

在程序运行过程中，单击上位机控制面板上的"搜寻探测"按钮，则运行搜寻探测程序，搜寻探测程序主要用于完成对人不便或不能到达区域的探测活动。

搜寻探测程序实现目标：将四足机器人放到一个复杂的环境时，根据传感器检测到的周围数据，使四足机器人在运行过程中不会碰到障碍，且总是向一个开阔的地形走去。当地形十分复杂时，可以根据四足机器人上摄像头的传输画面，手动在上位机控制面板上实现前进、后退、左转和右转控制。

本程序包括四足机器人的前进、后退、左转、右转等基本功能，另外在四足机器人前方加入一个超声传感器，左右两侧加入两个红外测距传感器实现四足机器人对周围物体的感知。当生产者线程的超声测距传感器检测到前方有物体时，此时调用生产者线程的两红外传感器，实现对机器人两侧环境的感知，若检测到左侧有障碍，四足机器人向右侧宽敞的区域继续前进；若检测右侧有障碍，则四足机器人向左侧宽敞的区域继续前进探测；若检测到两边都有障碍，则机器人会先执行后退的命令，然后执行向后转命令，再继续朝宽阔的地方前进。此处略。图8.139所示为搜寻探测部分程序。

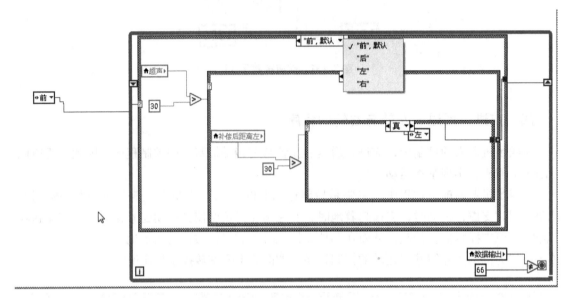

图 8.139　搜寻探测部分程序

六、避障运输程序

在程序运行过程中，单击上位机控制面板上的"避障运输"按钮，则实时系统的程序将会执行避障运输程序。四足机器人在识别到前方有障碍时，将会依靠传感器判断障碍的大小，选择路线避障。在执行本程序时，搜寻探测程序中生产者线程不用改变，只需改变消费者线程调用生产者数据的方式及使用方式。本程序里将会调用搜寻探测里的前方、左侧传感器数据。

避障运输程序的设计目标：四足机器人一直在前进，前方的传感器一直检测前方是否有障碍。当生产者线程产生的数据表明前方有障碍时，将数据告诉消费者线程的程序。消费者线程根据生产者线程生成的数据做出相应的动作，即向右转90°。此时四足机器人继续前进，且消费者线程实时调用生产者线程产生的数据，判断是否左侧有障碍。当检测到左侧没有障碍时，消费者线程做出反应，即四足机器人向左转90°，然后继续执行前进的程序。

四足机器人在前进的过程中，消费者线程将会实时调用左侧传感器的数据，判断左侧是否有障碍，当有障碍时四足机器人继续前进，当检测左侧无障碍时，四足机器人执行左转90°程序，然后继续执行前进的程序。当给定信号时，四足机器人执行右转程序，然后继续执行前进的程序，如此之后完成一个避障的过程。当下次遇到障碍时，四足机器人将会按照以上相同的步骤来避过障碍。左侧设置传感器，能根据障碍的大小做出相应的行走步数，具有较强的实用性，程序如图 8.140 所示。

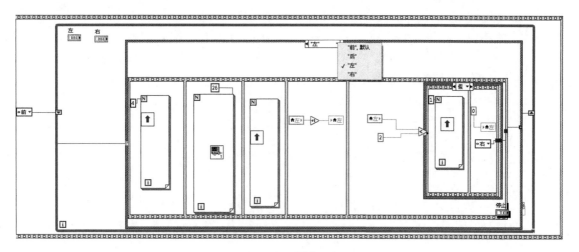

图 8.140　避障程序

按照以上步骤，完成乌龟式四足机器人的总体设计，经多次调试，达到了设计要求。